utb 4766

Eine Arbeitsgemeinschaft der Verlage

Böhlau Verlag · Wien · Köln · Weimar
Verlag Barbara Budrich · Opladen · Toronto
facultas · Wien
Wilhelm Fink · Paderborn
A. Francke Verlag · Tübingen
Haupt Verlag · Bern
Verlag Julius Klinkhardt · Bad Heilbrunn
Mohr Siebeck · Tübingen
Ernst Reinhardt Verlag · München · Basel
Ferdinand Schöningh · Paderborn
Eugen Ulmer Verlag · Stuttgart
UVK Verlagsgesellschaft · Konstanz, mit UVK/Lucius · München
Vandenhoeck & Ruprecht · Göttingen · Bristol
Waxmann · Münster · New York

Alfred Niesel

Nachhaltigkeitsmanagement im Landschaftsbau

Mit einem Beitrag von Jutta Katthage

20 Zeichnungen
56 Tabellen·

Verlag Eugen Ulmer Stuttgart

Prof. Dipl.-Ing. Alfred Niesel, Jahrgang 1925, ist emeritierter Professor der Hochschule Osnabrück für die Fächer „Bau- und Vegetationstechnik" sowie „Baubetrieb". Er war Obmann der Fachnormen des Landschaftsbaus und ist Autor vieler Fachbücher sowie Begründer der Schriftenreihe „Fachbibliothek grün". Federführend war er tätig für die Veröffentlichungen des Bundesverbandes Garten-, Landschafts- und Sportplatzbau e. V. „Umweltleitfaden für den Garten-, Landschafts- und Sportplatzbau" und „GaLaBau-Organisationshandbuch Qualität, Umwelt und Wirtschaftlichkeit".

Jutta Katthage, Dipl.-Ing. (FH) Landschaftsarchitektur, M. Eng. Management im Landschaftsbau, B. Sc. Wirtschaftswissenschaften, arbeitet an der Hochschule Osnabrück an den Forschungsprojekten „Nachhaltigkeit von Sportfreianlagen" und „Sicherheitsmanagement auf Sportfreianlagen". Im Rahmen dieser Projekte gibt sie regelmäßig Schulungen und Seminare, hält Fachvorträge und veröffentlicht Fachbeiträge. Zudem arbeitet sie im FLL-Arbeitskreis für „Nachhaltige Freianlagen" mit.

Die in diesem Buch enthaltenen Empfehlungen und Angaben sind von den Autoren mit größter Sorgfalt zusammengestellt und geprüft worden. Eine Garantie für die Richtigkeit der Angaben kann aber nicht gegeben werden. Autoren und Verlag übernehmen keinerlei Haftung für Schäden und Unfälle.

Bibliografische Information der Deutschen Nationalbibliothek
Die Deutsche Nationalbibliothek verzeichnet diese Publikation in der Deutschen Nationalbibliografie; detaillierte bibliografische Daten sind im Internet über http://dnb.d-nb.de abrufbar.

© 2017 Eugen Ulmer KG
Wollgrasweg 41, 70599 Stuttgart (Hohenheim)
E-Mail: info@ulmer.de
Internet: www.ulmer-verlag.de
Lektorat: Dr. Angelika Jansen, Alessandra Kreibaum
Herstellung: Thomas Eisele
Umschlaggestaltung: Atelier Reichert, Stuttgart
Satz: primustype Hurler GmbH, Notzingen
Druck und Bindung: Friedrich Pustet, Regensburg
Printed in Germany

UTB Band-Nr. 4766
ISBN 978-3-8252-4766-9

Inhaltsverzeichnis

Vorwort

Nachhaltigkeit als Schlagwort begegnet uns heute überall. In jedem Super-
markt, in jedem Textilkaufhaus oder Drogeriemarkt können wir von nachhaltig produzierten Produkten lesen. Obwohl es überhaupt keinen Nachhaltig-
keitsstandard für diese Produkte gibt, wird mit diesem Begriff geworben.
Und es steht fest, dass viele Mitbürger den festen Wunsch nach Nachhaltigkeit ihrer Lebensumwelt haben. Es liegt daher nahe, dass sich auch der Landschaftsbau an dieser Welle beteiligt. Es stellt sich jedoch die Frage, was unter
Nachhaltigkeit in dieser Branche verstanden wird. Weder Verbände noch
Forschung und Wissenschaft haben sich bisher dieses Themas angenommen.
Es gibt jedoch Vorläufer, die bisher viel zu wenig beachtet und vermarktet
wurden. Es handelt sich um den „Umweltleitfaden", den der Bundesverband
Garten-, Landschafts- und Sportplatzbau e. V. mit Unterstützung der Bundes-
umweltstiftung 2002 erstellt hat und dessen wichtigste Inhalte in das „GaLa-
Bau-Organisationshandbuch Qualität, Umwelt, Wirtschaftlichkeit" übernommen wurden. Die darin enthaltenen Leitlinien und Handreichungen, an deren Entwicklung ich federführend mitwirken durfte, werden in diesem Buch
unter dem Aspekt „Nachhaltigkeit" weitergeführt und ergänzt.

Der Begriff „Nachhaltigkeit" wird in der Literatur sehr vielfältig und häufig auch nicht sehr konkret definiert. Die Annahme, dass Leistungen des
Landschaftsbaus per se nachhaltig sind, täuscht. Die für den Landschaftsbau
wichtigsten Quellen werden in diesem Buch dargestellt, ebenso die ersten
auf diesem Gebiet erfolgten Untersuchungen und Entwicklungen. Auf diesen Grundlagen fußend, werden Empfehlungen und Handreichungen entwickelt, mit denen ein nachhaltiges Handeln im Landschaftsbau nachvollziehbar, dokumentiert und im Idealfall auch bewertet wird. Einige Bereiche
werden allerdings sinnvollerweise weiter nur unter dem Aspekt „Umweltschutz" betrachtet.

Dem Bundesverband Garten-, Landschafts- und Sportplatzbau e. V. danke ich, dass ich das zuvor genannte Material in diese Veröffentlichung einar-
beiten durfte.

Einen Einblick in ein noch laufendes Forschungsprojekt zur Entwicklung
eines Bewertungssystems für nachhaltige Sportfreianlagen gibt Jutta Katthage, der ich dafür herzlich danke.

Ebenso danke ich auch dem Ulmer-Verlag und insbesondere dem Lektorat unter Leitung von Frau Dr. Angelika Jansen für die sehr offene und herz-
liche Betreuung.

Osnabrück, im Herbst 2016   Alfred Niesel

1 Nachhaltigkeitsmanagement im Landschaftsbau – Begriffe

Nachhaltiges – auch umweltgerechtes und/oder ökologisches – Handeln ist ein Anliegen, das einen sehr hohen gesellschaftlichen Stellenwert besitzt. Leistungen des Landschaftsbaus sind im Grundsatz immer auf eine Verbesserung der Umwelt ausgerichtet, bedeuten aber auch einen Eingriff in die Natur auf den verschiedensten Ebenen. Für alle bau- und vegetationstechnischen Aufgaben bieten sich in der Regel verschiedene Lösungen an. Dabei stehen gestalterische, funktionale, technische, ökonomische, sicherheitsrelevante und ökologische Anforderungen oft im Widerstreit zueinander. Im Sinne eines „nachhaltigen Handelns" sollten zwar immer die Bauweise und das Verfahren gewählt werden, die in der Natur den geringsten Schaden verursachen, das Ergebnis muss aber immer mindestens die sicherheitstechnischen und funktionalen Anforderungen erfüllen. Die Entscheidung für eine bestimmte Bauweise sollte für Dritte nachvollziehbar sein und der Abwägungsprozess dokumentiert werden.

In der Praxis hat sich der Begriff Nachhaltigkeit als übergeordnet durchgesetzt. Unterbegriffe sind „Umweltgerechtigkeit" oder „Ökologie".

1.1 Nachhaltigkeit

Der Freiberger Oberberghauptmann Hans Carl von Carlowitz (1645–1714) soll als Erster den Gedanken der Nachhaltigkeit auf die Waldwirtschaft angewendet haben. Um ein nachhaltiges Handeln umzusetzen, sollte in einem Wald nur so viel abgeholzt werden, wie der Wald in absehbarer Zeit auf natürliche Weise regenerieren kann. Er wollte damit sicherstellen, dass ein natürliches System in seinen wesentlichen Eigenschaften langfristig erhalten bleibt.

Eine einheitliche Definition des Begriffes „Nachhaltigkeit" gibt es bisher nicht. Ein ökologisch geprägter Erklärungsversuch erfolgte durch HERMAN DALY. Der ehemalige Senior Economist im Environment Department der Weltbank nahm in Anbetracht der Definitionsflut einen Versuch vor, die zentralen Elemente der Nachhaltigkeit zu präzisieren. Dabei zog er folgende Schlüsse (HARDTKE/PREHN 2001, S. 58):

• Das Niveau der Abbaurate erneuerbarer Ressourcen darf ihre Regenerationsrate nicht übersteigen.

- Das Niveau der Emissionen darf nicht höher liegen als die Assimilationskapazität.
- Der Verbrauch nicht regenerierbarer Ressourcen muss durch eine entsprechende Erhöhung des Bestandes an regenerierbaren Ressourcen kompensiert werden.

Nachhaltigkeit strebt im Landschaftsbau für alle Phasen des Lebenszyklus von Freianlagen – von der Planung, Erstellung über die Nutzung und Erneuerung bis zum Rückbau – eine Minimierung des Verbrauchs von Energie und Ressourcen sowie eine möglichst geringe Belastung des Naturhaushaltes an. Dies ist über die gesamte Prozesskette durch folgende Maßnahmen zu erreichen:

- Senkung des Energiebedarfs und des Verbrauchs an Betriebsmitteln
- Vermeidung von Transportkosten von Baustoffen und -teilen
- Einsatz wiederverwendbarer oder -verwertbarer Bauprodukte/Baustoffe
- Verlängerung der Lebensdauer von Produkten und Baukonstruktionen
- Gefahrlose Rückführung der Stoffe in den natürlichen Stoffkreislauf
- Weitgehende Schonung von Naturräumen und Nutzung von Möglichkeiten zu flächensparendem Bauen.

1.2 Umweltgerechtigkeit

Umweltgerecht handeln, planen oder bauen bedeutet, dass immer ausgewählte, das jeweilige Handeln betreffende Umweltaspekte beachtet werden. Für den Landschaftsbau sind das beispielsweise:

- Anliegen des Landschafts- und Naturschutzes
- Fragen der Ressourcenschonung
- Fragen der Wiederverwertbarkeit
- Fragen des Energieaufwandes bei Herstellung und Rückführung in den Stoffkreislauf
- Fragen der Rohstoffgewinnung unter Schonung der Landschaft
- Nähe zur Verwendungsstätte, um Transportweiten zu verringern
- Fragen des Lebenszyklus
- Reduzierung des Abfalls und des Deponieraumes
- Reduzierung des Energieverbrauchs
- Bemühungen zur Artenanreicherung
- Rückführung zu ursprünglicher Flora und Fauna
- Überlegungen zur Hinführung zu mehr Naturnähe
- Bemühungen des Erhalts biologischer Grundfunktionen
- Mitwirkungsüberlegungen bei der Steuerung der Land- und Gewässernutzung
- Maßnahmen zum Schutz von Ökosystemen
- Durchgrünung von Städten sowie Industrie- und Gewerbegebieten
- Beachtung von Naturgesetzlichkeiten.

1.3 Ökologie

Ökologie (griechisch) ist die von ERNST HAECKEL 1866 eingeführte Bezeichnung für die gesamte Wissenschaft von den Beziehungen des Organismus zur umgebenden Außenwelt. Die Ökologie ist Teildisziplin der Biologie. Forschungsgegenstand der Ökologie ist die Wechselbeziehung zwischen Organismus und Umwelt – die natürlichen Beziehungsgefüge und Existenzbedingungen (Brockhaus Enzyklopädie 1971).

- Die Ökologie beschreibt als Wissenschaft beliebig abgegrenzte Ökosysteme, ihre oft äußerst komplexen Beziehungsgefüge, stellt Theorien und vereinfachende Modelle auf, versucht die Stellgrößen, die bestimmenden Wirkfaktoren zu ermitteln und kann auch Vorhersagen über Reaktionen unter unterschiedlichen Bedingungen erstellen.
- Ökologie wertet nicht, denn es ist einer solchen wissenschaftlichen Ökologie gleichgültig, ob Faktoren in den Wechselbeziehungen zwischen Organismen und Umwelt bestehen bleiben oder sich wandeln – zum Beispiel durch Aussterben von Organismen oder Überschreitung von Toleranzen. Es genügt, solche Wandlungen zu erkennen, zu beschreiben und in das Erkenntnissystem einzuordnen (ERZ 1986).
- Es gibt daher keine „ökologisch hochwertige Flächen", keine „ökologische Zukunft", keine „Ansprüche der Ökologie an die Landschaft", kein „ökologisches Bauen" und schon gar keine „Ökologisierung". Wortkonstruktionen wie „ökologische Flächenbefestigung, ökologische Planung, ökologische Politik, ökologisch wertvolle Biotope, ökologisch wertvolle Feuchträume mit hohem Artenpotenzial oder ökologische Unternehmenskultur" sind beliebig interpretierbar.

Umgangssprachlich meint der Begriff „Ökologie" heute den Umweltschutz, den Schutz der Umwelt vor störenden Einflüssen und Beeinträchtigungen.

2 Nachhaltigkeitsmodelle

In der Diskussion um Nachhaltigkeit haben sich zwei Modelle durchgesetzt: Das Nachhaltigkeitsdreieck (Abb. 2.1) und das Drei-Säulen-Modell (Abb. 2.2).

2.1 Nachhaltigkeitsdreieck

Das Nachhaltigkeitsdreieck benennt als Ziele:
Ökonomische Ziele
* Wachstum
* Gerechtigkeit
* Effizienz
Ökologische Ziele
* Unversehrtheit des Ökosystems
* Belastbarkeit des Ökosytems
* Biologische Vielfalt
* Globale Sachverhalte
Soziale Ziele
* Ermächtigung
* Partizipation
* Soziale Mobilität

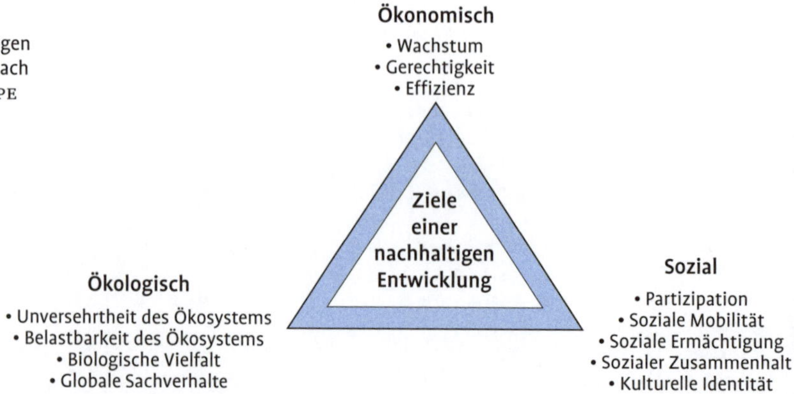

Abb. 2.1 Ziele einer nachhaltigen Entwicklung (nach BAUMAST/PAPE 2013)

Ökonomisch
• Wachstum
• Gerechtigkeit
• Effizienz

Ziele einer nachhaltigen Entwicklung

Ökologisch
• Unversehrtheit des Ökosystems
• Belastbarkeit des Ökosystems
• Biologische Vielfalt
• Globale Sachverhalte

Sozial
• Partizipation
• Soziale Mobilität
• Soziale Ermächtigung
• Sozialer Zusammenhalt
• Kulturelle Identität

- Sozialer Zusammenhalt
- Kulturelle Identität
- Institutionelle Entwicklung.

2.2 Drei-Säulen-Modell

Das Drei-Säulen-Modell ist eine andere Darstellung der gleichen Ziele. Die Zieldefinitionen unterscheiden sich nach der jeweiligen Sichtweise.

2.2.1 Drei-Säulen-Modell aus unternehmerischer Sicht

Die „Bundesaktion Bürger initiieren Nachhaltigkeit" (BIN), eine vom Bundesministerium für Bildung und Forschung (BMBF) geförderte, aber inzwischen eingestellte Initiative, definiert die drei Säulen im unternehmerischen Sinne folgendermaßen:

„Ökologische Nachhaltigkeit
Die ökologische Nachhaltigkeit hat die Erhaltung und gegebenenfalls auch die Erhöhung der natürlichen Ressourcen zum Ziel. Dies kann beispielsweise durch eine Minimierung des Ressourcenverbrauchs, durch eine gesteigerte Energieeffizienz oder durch die Verwendung von erneuerbaren Energien und Rohstoffen erreicht werden. Darüber hinaus sollten, beispielsweise durch die Minimierung der Gefahrstoffe in der Güterproduktion und der Verwendung von umweltfreundlichen Produkten und Herstellungsverfahren, die Risiken für Mensch und Umwelt bestmöglich reduziert werden.

Ökonomische Nachhaltigkeit
Die ökonomische Nachhaltigkeit dreht sich primär um die Erhaltung und gegebenenfalls auch die Erhöhung des physischen Kapitals. Dies wird idealerweise realisiert, indem die Investitionen mindestens die gegenüberstehenden Abschreibungen ausgleichen. Weiterhin soll es zum erklärten Ziel eines Unternehmens gehören, den Wissensstand und die Lernfähigkeit sowie das ‚Image' gegenüber dem Kunden und der Gesellschaft auf einem hohen Level zu halten beziehungsweise zu verbessern.

Soziale Nachhaltigkeit
Die soziale Nachhaltigkeit definiert ihre Zielsetzung in der Erhaltung beziehungsweise Erhöhung des Humankapitals eines Unternehmens. Das Humankapital setzt sich aus dem Know-how und der Motivation der einzelnen Mitarbeiter zusammen. Weiterhin wird eine Steigerung des innerbetrieblichen Sozialkapitals erstrebt. Das Sozialkapital umfasst die sozialen Beziehungen aller Akteure eines Unternehmens untereinander. Darüber hinaus ist auch die Steigerung des gesellschaftlichen Sozialkapitals, beispielsweise durch die Schaffung von Ausbildungsplätzen, erstrebenswert." (© 2016 www.bund-bin.de)

2.2.2 Drei-Säulen-Modell aus Sicht des Bauwesens

Für das Bauwesen werden die Ziele der Nachhaltigkeit im Prinzip übernommen und für den Bereich des nachhaltigen Bauens noch um die Querschnittsaufgaben „Technische Qualität" und „Prozessqualität" ergänzt. Zusätzlich spielt die Standortfrage eine gewisse Rolle. Dies wird im „Leitfaden Nachhaltiges Bauen" des Bundesamtes für Bauwesen und Raumordnung (BBR) 2013 als Drei-Säulen-Modell dargestellt. Die drei Grundsätze beziehungsweise Säulen der Nachhaltigkeit bezogen auf Gebäude sind:

• Ökologie
• Ökonomie
• Soziales.

Die **ökologische Säule** des nachhaltigen Bauens hat folgende Ziele im gesamten Lebenszyklus (Bau, Nutzung und Rückbau) eines Gebäudes:

• Minimierung des Energie- und Ressourcenverbrauchs
• Reduzierung des Flächenverbrauchs
• Möglichst geringe Belastung des Naturhaushalts.

Die **ökonomischen Säule** des nachhaltigen Bauens beinhaltet die Gesamtwirtschaftlichkeit eines Gebäudes:

• Optimierung der Gesamtkosten (Bau- und Baunutzungskosten)
• Wirtschaftliche Optimierung der Zeitpunkte für Investitionen, Erneuerungs- und Wartungszyklen.

Die **soziale Säule** des nachhaltigen Bauens beschreibt die soziokulturellen Auswirkungen eines Gebäudes:

• Städtebauliche beziehungsweise landschaftsräumliche Integration
• Denkmalpflegerische Aspekte
• Funktionale und andere den Menschen berührende Aspekte.

2.2.3 Drei-Säulen-Modell aus Sicht des Landschaftsbaus

Für den Landschaftsbau als Unternehmen und als Dienstleister für Freianlagen sind beide beschriebenen Modelle von Bedeutung. Für den Landschaftsbau als Unternehmen ist die Definition nach www.bund-bin.de bedeutsam. Für den Landschaftsbau als Dienstleister für Freianlagen gelten für die Nachhaltigkeit von Außenanlagen die Grundsätze des Bauwesen-Modells.

Diskutiert wird über die Frage, ob diese drei Säulen gleichrangig sind. Generell gilt, dass es um die Balance der drei Säulen geht. Es müssen die Beziehungen zwischen den drei Säulen betrachtet und jede Säule ganzheitlich verstanden werden.

Die soziale Säule des Bauwesens ist für den Landschaftsbau als Dienstleister für Freianlagen als immanent zu betrachten, denn die Leistung ist grundsätzlich auf deren Inhalte ausgerichtet. Für die beiden anderen Säulen und Querschnittsaufgaben wird der jeweilige Rang von der gestellten Aufgabe abhängen.

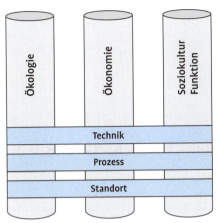

Abb. 2.2 Das Drei-Säulen-Modell „Nachhaltiges Bauen Außenanlagen" mit den Säulen Ökologie, Ökonomie und soziale Funktionalität und den Querschnittsaufgaben technische Qualität, Prozessqualität und Standortqualität (in Anlehnung an BMVBS 2012)

Nachhaltigkeitsmodell

- Aus unternehmerischer Sicht ist die soziale Säule ein sehr weites und wichtiges Feld, wird aber im Rahmen dieses Buches nicht gesondert behandelt. Wichtige Momente der Mitarbeiterführung und Einbindung in Unternehmensentscheidungen sind im Organisations-Handbuch des Bundesverbands Garten-, Landschafts- und Sportplatzbaus aufgeführt.
- Die Querschnittsaufgabe Technik spielt bei der Wahl der Konstruktionen und bei der Art der Ausführung eine große Rolle und wird deshalb unter dem Aspekt der Planung und der Bauausführung behandelt.
- Die üblichen Prozesse des Landschaftsbaus, also die Arbeitsabläufe, sind in den Abbildungen 8.1 bis 8.3 und 8.4 bis 8.6 beschrieben. Die dafür erforderlichen Instrumente sind im Handbuch dargestellt. Deshalb werden hier nur die Bereiche behandelt, die für die Nachhaltigkeit von Bedeutung sind.
- Auf den Standort eines Gartens oder einer Freianlage hat der Landschaftsbau praktisch keinen Einfluss, weil er in der Regel vorgegeben wird. Diese Querschnittsaufgabe kann also vernachlässigt werden.

3   Der Garten-, Landschafts- und Sportplatzbau

Das Anlegen und Pflegen von Gärten ist so alt wie unsere Kulturgeschichte. Gärten waren schon immer Zeichen und Ausdruck einer Kultur und Spiegel der Gesellschaft. Die Kunst, Gärten zu gestalten und anzulegen, die Gartenkunst, war auch immer Teil der jeweiligen Stilrichtung. Entsprechend unterschiedlich waren die Formen und Stilmittel. Objekte der Gartenkunst waren der kleine Garten als Gartenhof oder Atrium und der Landschaftspark, der die Landschaft zu einem Kunstwerk machte.

Das Aufgabengebiet, das sich heute der Garten- und Landschaftsgestaltung sowohl von der Planung (Gestaltung) als auch von der Ausführung her darbietet, umfasst alle Freiräume außerhalb der Wohnung und Arbeitsstätte bis in die freie Landschaft hinein. Es sind insbesondere:

* Innerstädtische Freianlagen in Form von Bürgerparks, Freizeitparks, Fußgängerzonen, Kinderspielbereiche, Kleingärten, Friedhöfe, Grünzüge, Straßengrün, Außenanlagen an Schulen, Kindergärten und Krankenhäuser
* Freiflächen in Wohnsiedlungen in Form von Hausgärten, Grünflächen und Freizeitanlagen an Reihenhäusern, Wohnblocks und Hochhäusern sowie Dachgärten in diesem Bereich
* Sport- und Freizeitanlagen in verschiedensten Formen
* Gestaltung und Erhaltung der Landschaft, oft in Verbindung mit Maßnahmen des Straßenbaus, des Wasserbaus, der Land- und Forstwirtschaft, des Bergbaus, der Industrie, des Gewerbes, aber auch in Verbindung mit Freizeit und Erholung.

Unsere Gesellschaft ist sich ihrer Umwelt, der ihr drohenden Gefahren, aber auch der in ihr ruhenden Möglichkeiten zur Hebung der Lebensqualität sehr bewusst geworden.

Ein grünes Bauwerk ist das Produkt verschiedener Aktivitäten auf unterschiedlichen Ebenen der Planung, Gestaltung und Ausführung. Dieser Prozess kann selbstverständlich auch Beeinträchtigungen der Umwelt verursachen.

Unternehmen des Garten- und Landschaftsbaus sind gut beraten, wenn sie sich dieser Tatsache bewusst sind und durch vertiefende Analysen Ursachen für Umweltbelastungen aufspüren. Durch innerbetriebliche Festlegungen sollten sie zu festen Verfahrensweisen zur Verminderung von Umweltbelastungen im Betrieb kommen.

3.1 Auswirkungen des Landschaftsbaus auf die Umwelt

In Zusammenhang von Leistungen des Garten- und Landschaftsbaus mit Einflüssen auf die Umwelt muss unterschieden werden zwischen:

- Betriebsstandort und
- Baustelle.

Die Tabelle 3.1 gibt einen Überblick über die Auswirkungen der Leistungen des Garten- und Landschaftsbaus auf die Umwelt. Sie kann nicht alle möglichen Auswirkungen erfassen, weil sowohl die unternehmensindividuelle Gestaltung des Betriebsstandorts als auch die Verschiedenartigkeit der Baustellen nur einzelne beziehungsweise auch andere Auswirkungen haben können.

Der Einfluss des Landschaftsbaus auf Nachhaltigkeit im Rahmen seiner Beratungs- und Planungstätigkeit wird an anderer Stelle behandelt.

Tab. 3.1: Auswirkung der Tätigkeit des Garten- und Landschaftsbaus auf Umwelt und Nachhaltigkeit

Unternehmens-bereiche	Energie-verbrauch	Abfall-aufkommen	Emissionen	Konta-mination	Material-verbrauch	Sons-tiges
Büro/ Verwaltung	Strom und Heizung	Hausmüll und Papier, Toner-kartuschen	Abgas der Heizung		Bürobedarf, Wasser	Abwas-ser
Betriebshof mit Waschplatz, Lager und Abfall-sammelbereich	Strom für Beleuchtung und Pumpen	Hausmüll, Baustellenab-fälle, Grünab-fälle, Abwasser	Staub und Lärm	Undichtig-keiten in der Waschplatz-beschichtung	Freie Flächen werden genutzt	
Werkstatt	Strom für Licht und Kom-pressorheizung	Altöl, Putzlap-pen, Schrott etc.	Abgase der Ma-schinen, Staub, Lärm, Erschüt-terungen beim Probelauf		Reinigungsmit-tel, Hilfsmittel, Öle etc.	
Fuhrpark	Treibstoffe	Wird über die Werkstatt er-fasst, Fremd-firmen für die Wartung	Abgase und Lärm, Erschüt-terungen		Tropfverluste bei der Betan-kung und Le-ckagen an Gerä-ten und Maschi-nen, Unfälle	
Tankstelle	Strom für Beleuchtung und Pumpen		Staub und Lärm durch Fahrzeu-ge, Maschinen	Tropfverluste bei der Betan-kung	Versiegelte Fläche	
Planung	Siehe Kapitel 9					
Baustelle	Strom für Klein-geräte und Bau-wagen, Treib-stoffe für Geräte und Maschinen	Hausmüll, Baustellenab-fälle, Grün-schnitt	Staub, Lärm, Erschütterun-gen	Tropfverluste bei der Betan-kung und Leckagen an Geräten und Maschinen		Unfälle

3.2 Schnittstellen – Der Garten-, Landschafts- und Sportplatzbau im Netzwerk des Baugeschehens

Der Großteil der betrieblichen Aktivitäten zur Wertschöpfung wird auf den Baustellen erbracht und hier ist auch der wichtigste Betriebsteil bezogen auf die Auswirkungen auf die Umwelt. Dabei sind die Einflussmöglichkeiten auf eine Verbesserung von umweltrelevanten Auswirkungen sehr unterschiedlich. Zu unterscheiden sind:

- Einflüsse durch die Art der Gestaltung und die Materialwahl
- Einflüsse durch den Einsatz von Maschinen, Geräten und Fuhrpark
- Einflüsse durch das Umweltverhalten der Mitarbeiter.

Nachstehend soll einmal untersucht werden, welche Einflüsse Unternehmen des Garten-, Landschafts- und Sportplatzbaus auf die Art der Gestaltung, auf Konstruktion und Materialwahl nehmen können.

Für den Außenstehenden steht die Leistung des Garten- und Landschaftsbaus am Ende eines Prozesses, der mit der Planung einer Freianlage beginnt. In der Realität aber ist der Garten- und Landschaftsbau in ein Netzwerk eingebunden, das ihn mit unterschiedlichsten Einflüssen mit Umweltrelevanz konfrontiert. Zu dem Netzwerk gehören Auftraggeber, Landschaftsarchitekten, Generalunternehmer, der Garten- und Landschaftsbau, die Lieferanten von Baustoffen und Fertigprodukten, Subunternehmer und dienstleistende Unternehmen, zum Beispiel Werkstätten (Abb. 3.1).

Die Art des Netzwerkes ergibt Schnittstellen mit sehr unterschiedlichen Auswirkungen auf die Einflussmöglichkeiten des Garten- und Landschaftsbaus bezogen auf umweltgerechte Konstruktionen und Materialwahl.

Abb. 3.1
Schnittstellen des
Landschaftsbaus

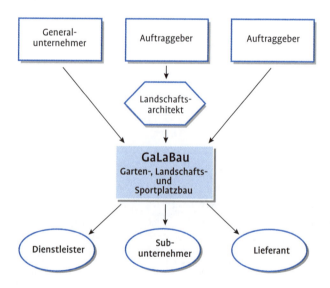

3.2.1 Schnittstelle Auftraggeber und Landschaftsarchitekt – Landschaftsbau

Gestaltung der Freianlage, Konstruktionen und Wahl der Baustoffe werden vom Bauherrn (privat, Industrie, Gewerbe, öffentliche Hand und andere) unter Mitwirkung eines Landschaftsarchitekten vorgegeben. Unter guten Voraussetzungen wurden Konstruktion und Stoffe auf ihre Nachhaltigkeit geprüft. In der Praxis ist das aber eher nicht der Fall. Der ausführende Unternehmer hat im Rahmen seiner vertragsrechtlichen Beziehungen keine oder nur sehr begrenzte Einflussmöglichkeiten auf Konstruktion und Materialwahl. Seine Einflussmöglichkeiten beschränken sich auf Alternativangebote, Änderungsvorschläge oder das Anmelden von Bedenken, wenn Umweltschäden durch die Art der Aufgabe oder vom Standort her drohen. Je nach Mentalität des Landschaftsarchitekten und des Bauherrn wird der Einflussversuch begrüßt oder als unerwünscht abgestraft.

3.2.2 Schnittstelle Generalunternehmer – Garten- und Landschaftsbau

Der Generalunternehmer bedient sich zur Erfüllung der Anforderungen des Auftraggebers der Dienstleistung von Landschaftsarchitekten, Ingenieuren und ausführenden Unternehmen. Gesichtspunkte der Kostenminimierung stehen im Vordergrund. Deshalb werden die Dienstleistungen in der Regel nicht vollständig beauftragt, sondern nur die nach Meinung des Generalunternehmers absolut notwendigen Leistungen. Eine Wertung von Konstruktionen und Baustoffen unter Nachhaltigkeitsgesichtspunkten entfällt häufig. Unternehmen des Garten- und Landschaftsbaus haben keine anderen Einflussmöglichkeiten als bei der vorbeschriebenen Schnittstelle.

3.2.3 Schnittstelle Auftraggeber – Garten- und Landschaftsbau

Anders verhält es sich aber bei den in der Praxis auch häufig bestehenden direkten Beziehungen zwischen einem Auftraggeber und einem Landschaftsbauunternehmen. In diesem Falle hat das Unternehmen direkten Einfluss auf die nachhaltige Gestaltung und die Auswahl von Bauweisen und Baustoffen. Bei der Entscheidungsfindung kann es sehr gezielt vorgehen und seine Fachkompetenz zeigen. Wege zu einer dokumentierbaren Vorgehensweise sind im Folgenden aufgezeigt.

3.2.4 Schnittstellen Garten- und Landschaftsbau – Lieferant – Subunternehmer – Dienstleister

Sobald ein Auftrag erteilt ist, entstehen Beziehungen zwischen dem Garten- und Landschaftsbau, seinen Lieferanten für Baustoffe und Fertigteile, seinen Subunternehmern, die beispielsweise Spezialaufgaben übernehmen, und dienstleistenden Unternehmen, die zum Beispiel den Geräte- und Fahrzeugpark warten. Da der Garten- und Landschaftsbau hier als Auftraggeber auftritt, hat er Möglichkeiten, ein nachhaltiges Handeln dieser Partner zu beeinflussen und besonders umweltbewusste Partner zu bevorzugen.

3.2.5 Interessierte Parteien und deren Erfordernisse und Erwartungen

In ISO 9004:2009 „Leiten und Lenken für den nachhaltigen Erfolg einer Organisation – Ein Qualitätsmanagementansatz" werden die Erfordernisse und Erwartungen der interessierten Parteien wie folgt definiert:

* „Kunden: Qualität, Preis und Lieferleistung von Produkten
* Eigentümer/Anteilseigner: nachhaltige Rentabilität, Transparenz
* Mitarbeiter der Organisation: gute Arbeitsumgebung, Arbeitsplatzsicherheit, Anerkennung und Entgelt
* Lieferanten und Partner: gegenseitiger Nutzen und Kontinuität
* Gesellschaft: Umweltschutz, ethisches Verhalten, Einhalten von gesetzlichen und behördlichen Anforderungen."

4 Nachhaltigkeitsmanagement im Landschaftsbau

Es gibt sehr viele Managementmodelle und -systeme. Deshalb ist es sinnvoll, sich mit den Hintergründen zu beschäftigen und die Frage zu stellen, auf welchem System ein Nachhaltigkeitsmanagement im Landschaftsbau aufgebaut werden könnte. Auch die Frage ist zu stellen, ob sich die Einführung eines solchen Systems überhaupt lohnt.

4.1 Begriff Nachhaltigkeitsmanagement

Ein Nachhaltigkeitsmanagementsystem kann wie folgt definiert werden: Es ist Teil des gesamten übergreifenden Managementsystems, das die Organisationsstruktur, Zuständigkeiten, Verhaltensweisen, förmlichen Verfahren, Abläufe und Mittel für die Festlegung und Durchführung der Unternehmenspolitik so gestaltet, dass sie mit dem Ziel des Erhalts unserer natürlichen Lebensgrundlagen im Einklang stehen.

Es gibt sehr viele Managementmodelle und -systeme. Als erstes international anerkanntes System wurde das DIN EN ISO 9000 Qualitätsmanagementsystem (QM-System) eingeführt, das zunächst lediglich kundenorientiert war. Es wurde schrittweise weiterentwickelt und bildet heute auch die Basis für Nachhaltigkeitsmanagementsysteme.

4.2 DIN EN ISO 9000 Qualitätsmanagementsysteme

Das DIN EN ISO 9000-QM-System ist das übergreifende Managementsystem. Die seit 2012 überarbeitete internationale Norm für Qualitätsmanagement ISO 9001 wurde im September 2015 als ISO 9001:2015 veröffentlicht und ersetzt die Version aus 2008. Die Norm wurde an die ISO „High Level Structure" angepasst. Diese Grundstruktur mit einheitlichem Basistext sowie gemeinsamen Benennungen und Definitionen gilt seit 2012 als Grundlage für alle ISO-Managementsystemnormen und soll die Kompatibilität der Systeme untereinander verbessern. Auch der Grundsatz der kontinuierlichen Verbesserung (PDCA) wird mit der Vereinheitlichung zum festen Bestandteil der Normen. PDCA steht für das Englische Plan – Do – Check – Act, was im Deutschen auch mit Planen – Tun – Überprüfen – Umsetzen oder

Planen – Umsetzen – Überprüfen – Handeln übersetzt wird. Der PDCA-Zyklus findet Anwendung beim kontinuierlichen Verbesserungsprozess, der in alle Managementsysteme impliziert ist.

Das Thema Qualitätsmanagement gemäß ISO 9001 ist weltweit und branchenübergreifend für Unternehmen aller Größen relevant. Die Norm ist in zehn Abschnitte gegliedert:

„1. Anwendungsbereich
2. Normative Verweise
3. Begriffe
4. Kontext der Organisation (Verstehen der Organisation und ihres Kontextes, Verstehen der Erfordernisse und Erwartungen interessierter Parteien, Festlegen des Anwendungsbereichs des Qualitätsmanagementsystems, Qualitätsmanagementsystem und dessen Prozesse)
5. Führung (Führung und Verpflichtung, Qualitätspolitik, Rollen, Verantwortlichkeiten und Befugnisse in der Organisation)
6. Planung für das Qualitätsmanagementsystem (Maßnahmen zum Umgang mit Risiken und Chancen, Qualitätsziele und Planung zur deren Erreichung, Planung von Änderungen)
7. Unterstützung/Support (Ressourcen, Kompetenz, Bewusstsein, Kommunikation, dokumentierte Information)
8. Betrieb/Operation (Betriebliche Planung und Steuerung, Bestimmen von Anforderungen an Produkte und Dienstleistungen, Entwicklung von Produkten und Dienstleistungen, Kontrolle von extern bereitgestellten Produkten und Dienstleistungen, Produktion und Dienstleistungserbringung, Freigabe von Produkten und Dienstleistungen, Steuerung nichtkonformer Prozessergebnisse, Produkte und Dienstleistungen)
9. Bewertung der Leistung (Überwachung, Messung, Analyse und Bewertung, internes Audit, Managementbewertung)
10. Verbesserung (Allgemeines, Nichtkonformität und Korrekturmaßnahmen, fortlaufende Verbesserung)."

Eine an den Prozessen eines Unternehmens orientierte Anwendung wurde vom Bundesverband Garten-, Landschafts- und Sportplatzbau e. V. im „GaLaBau-Organisationshandbuch Qualität, Umwelt, Wirtschaftlichkeit" für die mittelständischen Unternehmen dieser Branche entwickelt (s. S. 33). Dieses Organisationssystem wird im Weiteren behandelt.

4.3 Umweltmanagementsysteme

In der Vergangenheit war das Augenmerk im Wesentlichen auf die Umweltverträglichkeit unternehmerischen Handeln gerichtet. Die wesentlichen Ziele des Umweltmanagements sind, das Umweltverhalten von Unternehmen zu verbessern, Umweltprobleme des Unternehmens zu definieren und die Verfahren auszumachen, die der Verbesserung bedürfen, um auf diese Weise wirksam und kostengünstig Umweltmaßnahmen zu realisieren.

Ein solches Managementsystem informiert über die Ergebnisse und den erzielten Nutzen der ergriffenen Maßnahmen.

4.3.1 Begriffsbestimmungen für Umweltsysteme

Für Umweltsysteme werden nachstehende Begriffe definiert (siehe EMAS III 2009):

Umweltpolitik

Diese umfasst die von den obersten Führungsebenen einer Organisation verbindlich dargelegten Absichten und Ausrichtungen dieser Organisation in Bezug auf ihre Umweltleistung, einschließlich der Einhaltung aller geltenden Umweltvorschriften und der Verpflichtung zur kontinuierlichen Verbesserung der Umweltleistung. Sie bildet den Rahmen für die Maßnahmen und für die Festlegung umweltbezogener Zielsetzungen und Einzelziele.

Umweltprüfung

Eine erstmalige umfassende Untersuchung der Umweltaspekte, der Umweltauswirkungen und der Umweltleistung im Zusammenhang mit den Tätigkeiten, Produkten und Dienstleistungen einer Organisation.

Umweltprogramm

Eine Beschreibung der Maßnahmen, Verantwortlichkeiten und Mittel, die zur Verwirklichung der Umweltzielsetzungen und -einzelziele getroffen, eingegangen und eingesetzt wurden oder vorgesehen sind, und der diesbezügliche Zeitplan.

Umweltmanagementsystem

Der Teil des gesamten Managementsystems, der die Organisationsstruktur, Planungstätigkeiten, Verantwortlichkeiten, Verhaltensweisen, Vorgehensweisen, Verfahren und Mittel für die Festlegung, Durchführung, Verwirklichung, Überprüfung und Fortführung der Umweltpolitik und das Management der Umweltaspekte umfasst.

Umweltbetriebsprüfung

Die systematische, dokumentierte, regelmäßige und objektive Bewertung der Umweltleistung einer Organisation, des Managementsystems und der Verfahren zum Schutz der Umwelt.

Umwelterklärung

Die umfassende Information der Öffentlichkeit und anderer interessierter Kreise mit folgenden Angaben zur Organisation:
a) Struktur und Tätigkeiten
b) Umweltpolitik und Umweltmanagementsystem
c) Umweltaspekte und -auswirkungen
d) Umweltprogramm, -zielsetzung und -einzelziele
e) Umweltleistung und Einhaltung der geltenden umweltrechtlichen Verpflichtungen gemäß Anhang IV.

4.3.2 DIN EN ISO 14001:2015 Umweltmanagementsysteme

DIN EN ISO 14001:2015 „Umweltmanagementsysteme – Anforderungen mit Anleitung zur Anwendung" ist der weltweit akzeptierte und angewendete Standard für ein betriebliches Umweltmanagementsystem.

Die wesentlichen Bausteine eines Umweltmanagementsystems nach DIN EN ISO 14001 sind:

- „Umweltmanagementsystem einführen, dokumentieren, verwirklichen, aufrechterhalten und ständig verbessern
- Festlegung der betrieblichen Umweltpolitik
- Vermeidung von Umweltbelastungen
- Einhaltung der rechtlichen Verpflichtungen und Erstellung von Umweltzielen
- Bereitstellung der notwendigen Ressourcen (Personal und Infrastruktur) und Bestellung eines Umweltmanagementbeauftragten
- Dokumentation des Umweltmanagementsystems (insbesondere Umweltpolitik, Hauptelemente, Ziele)
- Schulung und Information der Mitarbeiter und interne Audits in festgelegten Abständen."

Gegenüber früheren Ausgaben ist die ISO 14001:2015 auch nach der sogenannten „High Level Structure" der ISO/IEC-Richtlinie, Teil 1, ISO Ergänzung, 2014, Anhang SL, strukturiert. Die Struktur bildet das Rückgrat der Managementsystemstandards der neuen Generation und vereinheitlicht die Kerninhalte und Definitionen. Dies soll die Kombination und Integration verschiedener Managementsysteme erleichtern. Auch der Grundsatz der kontinuierliche Verbesserung (Plan – Do – Check – Act) wird mit der Vereinheitlichung zum festen Bestandteil der Normen.

ISO 14001:2015 wird nach einem Vorwort in drei einführende Abschnitte sowie weitere sieben Forderungsteile gegliedert:

Vorwort (Hintergrund, Ziel eines Umweltmanagementsystems, Erfolgsfaktoren, Ansatz des Planens, Durchführens, Prüfens und Handelns, Inhalt dieser internationalen Norm)

„1. Anwendungsbereich
2. Normative Verweisungen
3. Begriffe
4. Kontext der Organisation (Verstehen der Organisation und ihres Kontextes, Verstehen der Erfordernisse und Erwartungen interessierter Parteien, Festlegen des Anwendungsbereichs des Umweltmanagementsystems, Umweltmanagementsystem)
5. Führung (Führung und Verpflichtung, Umweltpolitik, Rollen, Verantwortlichkeiten und Befugnisse in der Organisation)
6. Planung (Maßnahmen zum Umgang mit Risiko in Verbindung mit Gefahren und Chancen, Umweltziele und Planung zu deren Erreichen)
7. Unterstützung (Ressourcen, Kompetenz, Bewusstsein, Kommunikation, dokumentierte Information)
8. Betrieb (Betriebliche Planung und Steuerung, Notfallvorsorge und Gefahrenabwehr)
9. Bewertung der Leistung (Überwachung, Messung, Analyse und Bewertung, internes Audit, Managementbewertung)

10. Verbesserung (Nichtkonformität und Korrekturmaßnahmen, fortlaufende Verbesserung)."

In der DIN EN ISO 14004 „Umweltmanagementsysteme – Allgemeine Leitlinien zur Verwirklichung (ISO 14004:2016); Deutsche und Englische Fassung EN ISO 14004:2016)" werden praktische Hilfen für die Anwendung gegeben. Zunächst wird darauf hingewiesen, dass sich ein Unternehmen bei der Einführung und Verbesserung eines Umweltmanagementsystems auf die Bereiche konzentrieren sollte, die einen offensichtlichen Vorteil bringen – beispielsweise die Bereiche, die einen sofortigen umweltbezogenen oder finanziellen Nutzen darstellen. Der Ansatz für ein Umweltmanagementsystem basiert auf dem Managementmodell PDCA. Abbildung 4.1 zeigt die Beziehung zwischen PDCA und den Ansätzen von DIN EN ISO 14001.

Beispiele für praktische Hilfen (Auszug):

„a) Planen:
1. Die Organisation verstehen
2. Den Anwendungsbereich bestimmen und das Umweltmanagementsystem verwirklichen
3. Die Führung und die Verpflichtung der obersten Leitung sicherstellen
4. Eine Umweltpolitik festlegen
5. Verantwortlichkeiten und Befugnisse für relevante Rollen zuweisen
6. Umweltaspekte und damit verbundene Umweltauswirkungen bestimmen
7. Umweltziele festlegen sowie Kennzahlen und einen Prozess, mit dem sie erreicht werden, festlegen.

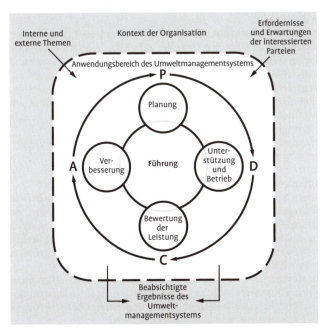

Abb. 4.1 Beziehung zwischen PDCA und den Ansätzen von DIN EN ISO 14001 (Quelle: ISO 14001:2015)

b) Durchführen:

1. Die für die Verwirklichung und Aufrechterhaltung des Umweltmanagements benötigten Ressourcen bestimmen
2. Notwendige Kompetenzen von Personen bestimmen und sicherstellen, dass diese Personen kompetent sind und bewusst handeln
3. Sicherstellen, dass diese Personen über die Kompetenz und das Bewusstsein wie bestimmt verfügen
4. Eine geeignete Methode für das Erstellen und Aktualisieren und für das Lenken von dokumentierten Informationen sicherstellen
5. Aufbau, Verwirklichung und Steuerung von Prozessen für die betriebliche Steuerung, die benötigt werden, um die Anforderungen des Umweltmanagementsystems zu erfüllen
6. Mögliche Notfallsituationen und Unfälle bestimmen und wie auf sie zu reagieren ist.

c) Prüfen:

1. Die Umweltleistung überwachen, messen, analysieren und bewerten
2. Die Einhaltung von bindenden Verpflichtungen bewerten
3. Regelmäßige interne Audits durchführen
4. Das Umweltmanagementsystem der Organisation überprüfen, um eine anhaltende Eignung, Angemessenheit und Wirksamkeit sicherzustellen.

d) Handeln:

1. Maßnahmen zur fortlaufenden Verbesserung der Eignung, Angemessenheit und Wirksamkeit des Umweltmanagementsystems ergreifen, um die Umweltleistung zu verbessern.

Schutz der Umwelt

a) Schutz der Biodiversität, der Lebensräume und der Ökosysteme – durch direkten Naturschutz vor Ort oder durch indirekten Schutz durch Beschaffungsentscheidungen, wie zum Beispiel der Kauf von Materialien aus nachweislich nachhaltigen Quellen
b) Abschwächung des Klimawandels durch Vermeiden oder Verringern von Treibhausgasemissionen oder Einhaltung von klimafreundlichen (kohlenstoffneutralen) Richtlinien, um den Nettobeitrag zum Klimawandel zu verringern
c) Verbesserung der Luft- und Wasserqualität durch Vermeidung, Ersatz oder Verringerung.

Verhindern von Umweltbelastungen

Verhindern von Umweltbelastungen kann in den gesamten Lebensweg von Produkten oder Dienstleistungen, von der Produktentwicklung, über die Herstellung, Verteilung, Nutzung, bis hin zum Lebensende, eingebunden werden. Solche Strategien können einer Organisation dabei helfen, nicht nur die Ressourcen zu erhalten und Abfall und Emissionen zu verringern, sondern auch Kosten zu reduzieren.

a) Reduzierung oder Beseitigung an der Quelle (einschließlich umweltverträglicher Konzeptionen und Entwicklungen, Materialsubstitution, Prozess-, Produkt- oder Technologieänderungen und effiziente Nutzung und Erhalt von Energie- und Materialressourcen)

b) Wiederverwertung oder Recycling von Materialien innerhalb des Prozesses oder der Produktionsstätte
c) Wiederverwertung oder Recycling von Materialien außerhalb des Standorts
d) Rückgewinnung und Behandlung (Rückgewinnung aus Abfallströmen, Behandlung von Emissionen und anderen freigesetzten Stoffen am Standort oder außerhalb zur Reduzierung der Umweltauswirkungen)
e) Kontrollierte Verfahren, wie zum Beispiel Abfallverbrennung oder kontrollierte Entsorgung von Abfällen, wenn zulässig."

Weitere Hilfen werden angeboten für die Bereiche:
• Mögliche Informationsquellen für die Bestimmung von Umweltaspekten und Umweltauswirkungen
• Leistungskennzahlen
• Notfallvorsorge und Gefahrenabwehr
• Dokumentierte Information.

4.3.3 Gemeinschaftssystem für das Umweltmanagement und die Umweltbetriebsprüfung (EMAS)

Das Gemeinschaftssystem für das Umweltmanagement und die Umweltbetriebsprüfung (EMAS) soll die kontinuierliche Verbesserung der Umweltleistungen aller europäischen Organisationen sowie der Information der Öffentlichkeit und der anderen interessierten Kreise fördern. Es beruht auf der Verordnung (EG) Nr. 761/2001 des Europäischen Parlaments und des Rates vom 19.03.2001 über die freiwillige Beteiligung von Organisationen an einem Gemeinschaftssystem für das Umweltmanagement und die Umweltbetriebsprüfung (EMAS).

Das Gemeinschaftssystem für das Umweltmanagement und die Umweltbetriebsprüfung (EMAS) zielt darauf ab, die Umweltleistungen der öffentlichen und privaten Organisationen in allen Wirtschaftszweigen zu verbessern, indem diese
• Umweltmanagementsysteme, die in Anhang I der Verordnung angeführt sind, schaffen und einführen;
• diese Systeme einer objektiven und regelmäßigen Bewertung unterziehen;
• die Ausbildung und aktive Teilnahme ihrer Beschäftigen fördern;
• Informationen für die Öffentlichkeit und andere interessierte Kreise bereitstellen;
• ein Umweltkonzept festlegen, das die Ziele und Aktionsgrundsätze der Organisation im Hinblick auf die Umwelt erfasst;
• eine Umweltprüfung ihrer Tätigkeiten, Produkte und Dienstleistungen (gemäß Anhang VII und VI) durchführen – ausgenommen sind diejenigen Organisationen, die bereits über ein zertifiziertes und anerkanntes Umweltmanagementsystem verfügen;
• ein Umweltmanagementsystem (gemäß Anhang I) einführen;
• eine regelmäßige Umweltbetriebsprüfung (gemäß den Anforderungen in Anhang II) durchführen sowie eine Umwelterklärung erstellen, die eine Beschreibung der Organisation, ihrer Tätigkeiten, Produkte und Dienst-

leistungen, der Umweltpolitik und des Umweltmanagementsystems der Organisation, der Umweltaspekte, Umweltauswirkungen und Umweltzielsetzungen sowie das Datum der Gültigkeitserklärung enthält; diese Erklärung muss von einem Umweltgutachter für gültig erklärt werden, dessen Name und Zulassungsnummer in der Erklärung angeführt sein müssen;

- die Gültigkeitserklärung der zuständigen Behörde des Mitgliedsstaates übermitteln;
- die Gültigkeitserklärung öffentlich zugänglich machen.

Die wesentlichen Unterschiede zwischen EMAS und ISO 14001 enthält Tabelle 4.1.

Tab. 4.1 Wesentliche Unterschiede zwischen EMAS und ISO 14001 (Geschäftsstelle des Umweltgutachterausschusses 2015)

Basis	• Öffentlich-rechtliche Grundlage als europäische Verordnung (EG) Nr. 1221/2009 • Umsetzung in Deutschland durch das Umweltauditgesetz • Erste europäische Registrierungen 1995, erste weltweite 2012	• Privatwirtschaftlicher internationaler Standard DIN EN ISO 14001 • Ohne Rechtscharakter • Erste internationale Zertifizierungen 1996
Inhalt	• Gesamtpaket aus Umweltmanagementsystem (UMS) mit interner und externer Überprüfung, Umweltberichterstattung und Eintragung in öffentlich zugängliche nationale und internationale Register	• Umweltmanagementsystem mit interner und externer Überprüfung
Ausrichtung und Ziel	• Ergebnis- und umweltleistungsorientiert • Ziel ist die kontinuierliche Verbesserung der Umweltleistung von Organisationen durch das UMS, unter aktiver Beteiligung der Beschäftigten und im Dialog mit der Öffentlichkeit • EMAS ist eingebunden in den Aktionsplan der EU für Nachhaltigkeit in Produktion und Verbrauch und für eine nachhaltige Industriepolitik	• Verfahrens- und systemorientiert • Ziel ist die kontinuierliche Verbesserung des UMS
Anforderungen	Zusätzlich zu den Anforderungen der ISO 14001 fordert EMAS: • Umweltprüfung: erstmalige umfassende Untersuchung des Ist-Zustandes im Zusammenhang mit den Tätigkeiten, Produkten und Dienstleistungen • Nachweis der Einhaltung geltender Rechtsvorschriften und Genehmigungen • Kontinuierliche Verbesserung der Umweltleistung • Mitarbeiterbeteiligung durch Einbeziehung in den Prozess der kontinuierlichen Verbesserung und Information der Beschäftigten • Externe Kommunikation mit der Öffentlichkeit, interessierten Kreisen, Kunden etc. • Regelmäßige Bereitstellung von Umweltinformationen (Umwelterklärung)	UMS einführen, dokumentieren, verwirklichen, aufrechterhalten und ständig verbessern: • Umweltpolitik • Planung: bedeutende Umweltaspekte bestimmen, geltende rechtliche Verpflichtungen ermitteln und zugänglich haben, Ziele setzen und zugehörige Programme aufstellen • Verwirklichung und Betrieb des UMS sicherstellen, Qualifizierung von verantwortlichen Personen, interne Kommunikation • Dokumentation und Aufzeichnungen regeln • Verfahren und Abläufe planen • Notfallvorsorge und Gefahrenabwehr festlegen • Überprüfung, Messung, Korrekturen, Vorbeugemaßnahmen und interne Audits • Managementbewertung

Tab. 4.1 Wesentliche Unterschiede zwischen EMAS und ISO 14001 (Geschäftsstelle des Umweltgutachteraus-schusses 2015) (Fortsetzung)

Betrachtungsebenen	• Organisations- und standortbezogen • Bedeutende Umweltauswirkungen und -leistung werden standortbezogen dargestellt	• Organisationsbezogen
Wesentlicher Prüfungsinhalt	• Im Rahmen der Begutachtung wird durch Einsichtnahme in die Dokumente und Besuch des Standortes überprüft, ob die Umweltprüfung, die Umweltpolitik, das UMS, die interne Umweltbetriebsprüfung sowie deren Umsetzungen den Anforderungen der EMAS-Verordnung entsprechen • Zusätzlich werden im Rahmen der Validierung die Informationen und Daten der Umwelterklärung geprüft (zuverlässig, glaubhaft und korrekt)	• Regeln für die Zertifizierung enthält der Text der ISO 14001 nicht, dafür werden Zertifizierungs- und Auditierungsnormen herangezogen • Durch Einsichtnahme in die Dokumente und Besuch auf dem Gelände wird überprüft, ob das UMS der Organisation mit den Anforderungen der ISO 14001 übereinstimmt
Prüfer	• Umweltgutachter und -organisationen werden durch eine spezielle staatlich beliehene Stelle zugelassen und beaufsichtigt: die DAU (Deutsche Akkreditierungs- und Zulassungsgesellschaft für Umweltgutachter mbH)	• Zertifizierungsorganisationen werden durch die staatlich beliehene nationale Stelle für das Akkreditierungswesen DAkkS (Deutsche Akkreditierungsstelle) akkreditiert und beaufsichtigt
Gültigkeitserklärung/Zertifikat	• „Gültigkeitserklärung": der Umweltgutachter stellt eine unterzeichnete Erklärung zu den Begutachtungs- und Validierungstätigkeiten aus, mit der bestätigt wird, dass die Organisation alle Anforderungen der EMAS-Verordnung erfüllt	• Zertifikat: ausgestellt durch die Zertifizierungsorganisation, bescheinigt die Erfüllung der Anforderungen der ISO 14001
Einbeziehung der Umweltbehörden	• Die zuständigen Umweltbehörden werden vor der Registrierung einbezogen, um etwaige Verstöße gegen Umweltrechtsvorschriften ausschließen zu können	• Nicht vorgesehen
Registrierung/Urkunde	• Registrierungsstellen (Industrie- und Handelskammern, Handwerkskammern) tragen die Organisation unter vorheriger Einbeziehung der Umweltbehörde in die öffentlich zugänglichen nationalen und internationalen Register ein und stellen eine Registrierungsurkunde aus • Jede Organisation bekommt eine individuelle Registernummer	• Kein Register
Berichterstattung/externe Kommunikation	• Alle drei Jahre erstellt die Organisation eine Umwelterklärung, die jährlich aktualisiert und durch den Umweltgutachter validiert wird • Kleine Betriebe können diese Intervalle auf vier bzw. zwei Jahre verlängern • Kommunikation mit der Öffentlichkeit und anderen interessierten Kreisen, einschließlich lokalen Behörden und Kunden • Das EMAS-Logo ist ein attraktives Kommunikations- und Marketinginstrument	• Berichterstattung und externe Kommunikation ist nicht vorgegeben • Nur die Umweltpolitik muss der Öffentlichkeit zugänglich sein • Organisation entscheidet selbst, ob sie darüber hinaus extern kommunizieren will • Kein einheitliches Logo

Tab. 4.1 Wesentliche Unterschiede zwischen EMAS und ISO 14001 (Geschäftsstelle des Umweltgutachterausschusses 2015) (Fortsetzung)

Einhaltung der Rechtsvorschriften	• Nachweis wird gefordert, dass und wie für die Einhaltung der Rechtsvorschriften gesorgt wird	• Gefordert wird ein Verfahren zur Bewertung der Einhaltung rechtlicher Verpflichtungen
Einbeziehung der Beschäftigten	• Über die Normanforderungen der ISO 14001 (Fähigkeiten, Schulung, Bewusstsein) hinaus: aktive Einbeziehung und Information aller Beschäftigten • Beschäftigte müssen in den Prozess der kontinuierlichen Verbesserung einbezogen werden • Mitarbeitervertreter (z. B. Gewerkschaften) sind auf Antrag ebenfalls einzubeziehen • Informationsrückfluss von der Leitung an die Beschäftigten	• Einbeziehung der Beschäftigten, von deren Tätigkeiten bedeutende Umweltauswirkungen ausgehen können, in Form von Schulungen und Sicherstellen des Bewusstseins über das UMS • Die für das UMS verantwortlichen Personen sind mit den notwendigen Informationen zu versorgen
Außendarstellung	• Veröffentlichung und Präsentation der Umwelterklärung, geprüfter Umweltinformationen und der Registrierungsurkunde • Verwendung des EMAS-Logos mit individueller Registernummer für Marketing- und Kommunikationszwecke, z. B. Internetseiten, Briefbögen, E-Mail-Signaturen, Schilder, Werbung, Printmedien etc. • Eintrag in die öffentlich zugänglichen nationalen und internationalen Register	• Zeichen der Zertifizierungsstelle • Präsentation des Zertifikats
Erleichterungen für kleine Organisationen	• Verlängerung des Überprüfungsintervalls von drei auf vier Jahre möglich • Jährlich zu aktualisierende Umwelterklärung muss nur alle zwei Jahre validiert werden • Bei der Begutachtung durch den Umweltgutachter werden die besonderen Merkmale bei Kommunikation, Arbeitsaufteilung, Ausbildung und Dokumentation berücksichtigt • Keine Mindestzeiten, die der Gutachter für die Begutachtung ansetzen muss	• Keine Sonderregelungen für kleine Organisationen oder Behörden • Keine Möglichkeit, auf jährliche Überwachungsaudits zu verzichten • Zertifizierer haben Zeittabellen, mit denen sie den Zeitaufwand der Zertifizierung kalkulieren müssen, abhängig von Größe und Umweltrelevanz des Unternehmens

4.3.4 Organisationssystem für den Landschaftsbau

Auf der Grundlage von DIN EN ISO 9000 und DIN EN ISO 14001 wurde vom Bundesverband Garten-, Landschafts- und Sportplatzbau e. V. ein Organisationshandbuch speziell für die Unternehmen dieser Branche entwickelt. In dieses Organisationssystem – oder auch Managementsystem – ist der Umweltbereich gleichwertig mit Qualität und Wirtschaftlichkeit integriert. Da es sich in dieser Branche vorwiegend um Klein- und Mittelbetriebe handelt, wird eine Zertifizierung in der Regel nicht angestrebt. Das Handbuch orientiert sich an den üblichen Abläufen dieser Unternehmen.

4.4 Gründe für ein Nachhaltigkeitsmanagement

Jedes unternehmerische Handeln hat Auswirkungen auf die Umwelt, deshalb besteht die Möglichkeit, im Rahmen einer umweltorientierten Unternehmensführung einen entscheidenden Beitrag zur Reduzierung der Umweltauswirkungen, die von einem Unternehmen ausgehen, und zur Verbesserung der Nachhaltigkeit zu leisten.

Die umweltorientierte Unternehmensführung beziehungsweise die Integration des Umweltschutzes in unternehmerisches Handeln ist nicht nur bei Großunternehmen, sondern auch gerade bei kleinen und mittelständischen Unternehmen aus verschiedenen Gründen von Bedeutung. Umweltschutz sollte in einem Unternehmen nicht allein als Erfüllung gesetzlicher Forderungen angesehen werden, sondern als Unternehmensgrundsatz bei der täglichen Arbeit. Der Umweltschutz ist eine Herausforderung für Landschaftsbauunternehmen, aus der erhebliche Vorteile erwachsen können. Der Garten- und Landschaftsbau, dessen Tätigkeit in der Umwelt und für die Umwelt geschieht, hat hier eine besondere Verpflichtung.

Nachhaltigkeits- und umweltorientierte Unternehmensführung bedeutet ständige Verbesserung der betrieblichen Nachhaltigkeit, insbesondere des Umweltschutzes. Sie ist ein ständiger Kreislauf zwischen dem Festlegen von Nachhaltigkeitszielen, dem Aufstellen und Umsetzen von organisatorischen und technischen Maßnahmen, dem Erkennen von Schwachstellen und Defiziten (Soll-Ist-Vergleich) sowie der Festlegung von Maßnahmen, die Schwachstellen und Defizite beseitigen.

Nachhaltigkeitsorientierte Unternehmensführung ist innovativ, denkt an die Zukunft und stellt alte Lösungen in Frage. In der Erkenntnis, dass auch die Umwelt ein begrenzter Produktionsfaktor – gleichbedeutend neben den Faktoren Kapital und Arbeit – und nicht frei verfügbar ist, muss ein umweltbewusst geführtes Unternehmen bereit sein, neue und zukunftsträchtige Wege zu gehen.

Die Aufgabe einer nachhaltigkeitsorientierten Unternehmensführung ist es daher, vorhandene Potenziale für Umweltentlastungen zu erkennen und die Möglichkeiten umweltschonenden Verhaltens zu erweitern.

4.5 Nutzen für das Unternehmen

Unternehmen des Garten- und Landschaftsbau erbringen ihre Leistungen im Spannungsfeld zwischen Kunden, Investoren, Geschäftspartnern (Zulieferer, Subunternehmer), Mitarbeitern und Gesellschaft, deren Forderungen sie auf unterschiedliche Weise nachkommen müssen. In dem Forderungskatalog dieser fünf „Überwachungsinstanzen" nimmt die umweltverträgliche und damit nachhaltige Herstellung von Freianlagen einen immer höheren Stellenwert ein. Diesen Anforderungen kann das Unternehmen durch den Nachweis nachhaltigen Handelns besser gerecht werden. Für ein Unternehmen des Garten- und Landschaftsbaus ergeben sich dadurch folgende Nutzen (Abb. 4.2):

- Kostenreduzierung im Hinblick auf beispielsweise Abfallvermeidung oder Energie-, Wasser- oder Brauchwassereinsparung

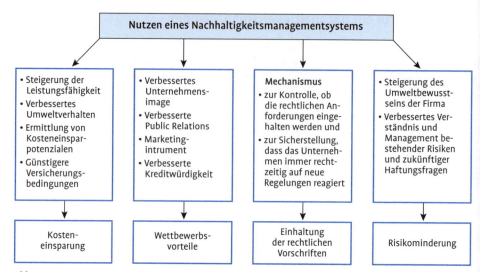

Abb. 4.2 Nutzen eines Nachhaltigkeitssystems (nach BGL 1998)

- Verbesserung der Wettbewerbsfähigkeit durch umweltbewusstes Handeln
- Verbesserung der Organisation durch ständige Überprüfung und Korrektur von Arbeitsabläufen
- Risikoreduzierung durch Einhaltung von Gesetzen und Verordnungen und dokumentierte Abläufe, sofern Nachweispflicht besteht

Vorausschauender Umweltschutz und Beachtung der Nachhaltigkeit dienen der Langzeitsicherung des Unternehmens, insbesondere der Leistungen und des Standortes; gleichzeitig unterstützt er den Aufbau von Wettbewerbsvorteilen. Der wichtigste und offenkundige Vorteil einer nachhaltigkeitsorientierten Unternehmensführung besteht in der Förderung des betrieblichen Umweltschutzes, im Nachweis der Einhaltung der örtlichen, regionalen und staatlichen Gesetze und Verordnungen sowie der innerbetrieblichen Vorgaben des Unternehmens selbst. Der gute Wille einer umweltbewussten und auf Nachhaltigkeit bedachten Unternehmensleitung reicht nicht für eine umwelt- und nachhaltigkeitsorientierte Unternehmensführung aus. Auch bei kleinen und mittleren Betrieben muss die umweltbewusste Unternehmensführung durch eine entsprechende Unternehmensphilosophie klar definiert und in schriftlicher Form festgelegt sowie durch innerbetriebliche Strukturen gestützt werden.

5 GaLaBau-Organisationshandbuch Qualität, Umwelt und Wirtschaftlichkeit

Jedes Unternehmen besitzt eine nur für diesen Betrieb typische Organisationsstruktur. Ist diese nicht schriftlich fixiert, haben jede Führungskraft und jeder Mitarbeiter darüber ihre eigenen Vorstellungen. Diese Vorstellungen sind in der Praxis selten identisch, obwohl jeder immer das Beste für das Unternehmen erreichen will. Aus diesen unterschiedlichen Vorstellungen entstehen Konflikte, die sich nachteilig auf das Ergebnis auswirken. Damit in einem Unternehmen nach einer einheitlichen Richtschnur gearbeitet wird, sollte unabhängig von ISO-Normen jedes Unternehmen seine Organisationsstruktur schriftlich niederlegen. Das Ergebnis der schriftlichen Fixierung der Organisationsstruktur ist ein Organisationshandbuch.

Nachhaltigkeitsmanagementsysteme können bei kleinen und mittleren Unternehmen nicht von anderen Organisationssystemen eines Unternehmens getrennt werden, weil sich im Ablauf eines Prozesses Probleme der Organisation, Technik, Wirtschaft und Umwelt überschneiden beziehungsweise einander bedingen.

Ein Organisationshandbuch dokumentiert die Organisationsstruktur und die Prozessabläufe. In der Regel wird mit einzelnen Verfahrensanweisungen festgelegt, wie im Unternehmen die einzelnen Prozesse ablaufen sollen. Da die Einzelprozesse ineinander verzahnt sind und sich gegenseitig bedingen, ist die Einhaltung dieser betrieblichen Regelungen Voraussetzung für das Vermeiden von Fehlern und für reibungslose Abläufe.

Das Organisationshandbuch Qualität, Umwelt und Wirtschaftlichkeit des GaLaBaus ist wie folgt gegliedert:

Teil A   Unternehmensführung
A 1   Unternehmenspolitik – Leitungsaufgaben
A 1.1   Ziel und Geltungsbereich
A 1.2   Unternehmenspolitik Qualität, Umwelt, Wirtschaftlichkeit
A 2   Organisationshandbuch Qualität, Umwelt, Wirtschaftlichkeit
A 3   Fehlerkorrektur und -vorbeugung, Notfallmaßnahmen und -pläne
A 4   Interne Überprüfung des Organisationssystems
A 5   Schulung
A 6   Statistik

Teil B   Auftragsabwicklung (Bau- und Vegetationstechnik, Umwelt)
B 1   Vertragsprüfung, Umweltprüfung und Wirtschaftlichkeit
B 2   Entwurfsentwicklung (Entwurfs- und Verfahrensentwicklung)
B 3   Auftragsabwicklung (Prozesslenkung)
B 4   Kundenbetreuung
Teil C   Kaufmännische Auftragsabwicklung
C 1   Grundsätze der Kostenrechnung
C 2   Abläufe der Kostenrechnung
C 3   Beschaffung
C 4   Rechnungseingang, Rechnungsausgang
Teil D   Umweltmanagement des Betriebsstandortes
D 1   Verwaltung/Büro
D 2   Lager/Lagerhalle
D 3   Betriebshof mit Lagerbereich für Schüttgüter und Baustoffe
D 4   Werkstatt – Instandhaltung
D 5   Tankstelle
D 6   Waschplatz
D 7   Fuhrpark
D 8   Kompostplatz
D 9   Abfallmanagement

Nicht behandelt wird der Aspekt der Nachhaltigkeit, allerdings sind viele wichtige Teilbereiche schon im Umweltmanagement enthalten.

5.1   Analyse des Ist-Zustandes – Umweltprüfung

Der erste Schritt zur Einführung eines umweltorientierten Organisationssystems in einem Unternehmen ist die Umweltprüfung. Das sind eine ausführliche an die jeweilige Betriebssituation angepasste Datenerhebung und die daran anschließende Analyse des gegenwärtigen Zustandes des betrieblichen Umweltschutzes.
   Die Frage lautet also: „Wie ist die derzeitige Umweltsituation im Unternehmen?"
   Hilfsmittel zur Erhebung der Ist-Situation sind:
* Sammlung und Auswertung von vorhandenen Daten
* Checklisten
* Persönliche Gespräche mit Mitarbeitern
* Betriebsbegehungen
* Informationen von Auskunftsstellen (Umweltamt etc.).

Wenn konkrete Daten fehlen, ist eine subjektive Bewertung immer noch besser als keine Aktion. Es sollten alle Prozesse, Verfahren, Anlagen, Maschinen und eingesetzte Materialien sowie das Umweltverhalten der Führung und der Mitarbeiter einer kritischen Prüfung unterzogen werden. Dazu zählen beispielsweise Umweltauswirkungen
* von Tätigkeiten und Entscheidungen,
* vom Energieeinsatz (Management, Einsparungen, Energiequellen),

- vom Rohstoffeinsatz (Bewirtschaftung, Einsparung, Auswahl, Transport),
- vom Wassereinsatz (Bewirtschaftung, Einsparung),
- von Abfällen, eigenen und auf der Baustelle vorgefundenen (Vermeidung, Recycling, Wiederverwendung, Transport, Endlagerung),
- von Lärm (Bewertung, Kontrolle, Verringerung der Belästigung),
- bei der Erbringung der Bauleistung (Auswahl neuer Verfahren und Änderung bestehender Verfahren),
- der Praktiken von Lieferanten und Subunternehmer,
- durch Unfälle,
- durch mangelhafte Information/Ausbildung des Personals.

Zur Prüfung gehören auch eine Beurteilung und Kontrolle sowie erste Überlegungen zur Verringerung von Umweltbelastungen. Aufgrund der Datenerfassung und der Bewertung können die Schwachstellen im Umweltverhalten des Betriebes festgestellt werden. Datenerfassung und Bewertung dienen sowohl der Ausrichtung der Unternehmenspolitik des Unternehmens als auch der Maßnahmenplanung für das Unternehmensprogramm.

Bereitschaftstest

Mit diesem Test in Form einer Selbstanalyse (Tab. 5.1) kann ein Unternehmen prüfen, welche Teile eines Umweltsystems im Betrieb schon vorhanden sind, welche noch lückenhaft und welche überhaupt fehlen. Der Test soll auch dazu führen, ein Unternehmen zu motivieren, sich intensiver mit dem Umweltschutz zu beschäftigen.

Tab. 5.1 Umwelttest

Zutreffendes ankreuzen	Nein	Teil-weise	Ja
Felder der Umweltpolitik, Blatt 1			
Umweltpolitik			
Ist die Umweltpolitik des Unternehmens schriftlich festgelegt?			
Stimmt die Umweltpolitik mit der Unternehmenspolitik überein?			
Ist schriftlich festgelegt, dass alle umweltrechtlichen Vorschriften grundsätzlich einzuhalten sind?			
Zielt die Umweltpolitik des Unternehmens auf eine ständige Verbesserung des Umweltverhaltens hin?			
Wird die Umweltpolitik regelmäßig überprüft und gegebenenfalls korrigiert?			
Umweltziele			
Hat ihr Unternehmen Umweltziele für den Standort festgelegt?			
Hat ihr Unternehmen Umweltziele für die Baustellen festgelegt?			
Werden die Umweltziele gemeinsam erarbeitet?			
Sind die Umweltziele messbar?			
Bestehen Zeitvorgaben für die Umsetzung von Umweltzielen?			

Tab. 5.1 Umwelttest (Fortsetzung)

Zutreffendes ankreuzen	Nein	Teil-weise	Ja
Werden die Umweltziele regelmäßig überprüft und gegebenenfalls korrigiert?			
Organisation und Personal – Verantwortung und Befugnisse			
Sind die Verantwortlichkeiten und Befugnisse des Personals bezogen auf Umwelt-aspekte eindeutig festgelegt?			
Gibt es für umweltrelevante Verfahren oder Handlungen Verfahrensanweisungen?			
Sind die Beziehungen der Verantwortlichen untereinander in einem Organigramm dokumentiert?			
Beauftragter für das Umweltmanagementsystem			
Hat Ihr Unternehmen einen Verantwortlichen – mit entsprechenden Befugnissen – für die Einführung, Anwendung und Aufrechterhaltung eines Organisations- und Umweltmanagementsystems bestellt?			
Personal, Kommunikation und Weiterbildung			
Finden Besprechungen regelmäßig statt?			
Gibt es in der Zeit zwischen den Gesprächsrunden einen Austausch?			
Ist der Kontakt zu externen Stellen organisiert?			
Feststellung und Bewertung von Einflüssen auf die Umwelt			
Gibt es Bestandsaufnahmen zur Feststellung von Umweltrisiken und Festlegungen zur Vermeidung von Umweltschädigungen? Emissionen Einleitungen Abfälle Kontaminationen Bodennutzung Lärm, Staub, Erschütterung Unfälle Bauverfahren			

5.2 Umsetzung

Die Analyse wird in der Regel ergeben, dass schon viele umweltrelevante Leistungen im Unternehmen erbracht werden, der Schritt zu einem umfassenden System also oft nicht mehr weit ist.

5.2.1 Grundanforderungen

Für den Betrieb gelten die Anforderungen der Normen, Gesetze und Verordnungen als Mindeststandard. Bezogen auf umweltrelevante Leistungen gelten alle gesetzlichen, kommunalen und sonstigen normativen Umweltvorschriften.

5.2.2 Verfahrensanweisungen/Arbeitsanweisungen/Formblätter

In Verfahrensanweisungen/Arbeitsanweisungen wird festgelegt, wie einheitlich im Unternehmen bei der Erstellung von Leistungen und im Umgang mit der Umwelt verfahren werden soll. Geregelt werden Zuständigkeiten, Abwicklung von Arbeitsabläufen, Informationsfluss und Art und Umfang der durchzuführenden Prüfungen. Formblätter und Checklisten unterstützen die Überwachung und Verarbeitung routinemäßiger Aufgaben und dienen der Dokumentation.

5.2.3 Notfallpläne

Zur Vermeidung von Fehlern müssen in jedem Unternehmen Notfallpläne vorhanden sein, die die Maßnahmen beschreiben, mit denen negative Einflüsse verhindert oder gemindert werden können. Ein Beispiel für einen jederzeit auftretenden Notfall ist das Platzen einer Hydraulikleitung eines Arbeitsgerätes auf der Baustelle oder dem Betriebshof. Durch das auslaufende Hydrauliköl wird Boden verseucht und muss ausgetauscht werden. Notfallpläne sehen in diesem Fall vor, dass Stoffe greifbar sind, mit denen das Öl aufgefangen und aufgesaugt wird.

5.2.4 Korrekturmaßnahmen

Durch Korrektur- und Vorbeugungsmaßnahmen soll sichergestellt werden, dass die Betroffenen aus Fehlern lernen und Fehler sich nicht wiederholen. Stichworte hierzu sind: „Lernendes Unternehmen" oder „kontinuierlicher Verbesserungsprozess". Deshalb sollten Fehler systematisch erfasst werden. Ein besonderes Augenmerk muss dabei auf der Vermeidung von Umweltschäden in allen Prozessen liegen. Für den oben beschriebenen Notfall ist zum Beispiel zu prüfen, ob durch regelmäßige Wartung und optische Prüfung zu Beginn eines Arbeitstages und rechtzeitiges Auswechseln die Gefahr praktisch ausgeschlossen werden kann.

Als Informationsquellen für die Erfassung von Fehlern dienen unter anderem:

- Bautagebücher oder Tagesberichte
- Baustellenschlussbesprechungen
- Auswertung von Statistiken
- Anregungen oder Reklamationen von Kunden.

5.2.5 Schlussbesprechung

Sinnvoll ist es beispielsweise nach Beendigung einer Baumaßnahme in einer Schlussbesprechung mit Bauleitern/Anlagenleitern über die Erfahrungen nach festgelegten Schwerpunkten zu sprechen. Bauleiter/Anlagenleiter sind am engsten mit den Ereignissen auf der Baustelle verbunden und haben einen Erfahrungsschatz, der erschlossen werden sollte. Thematisiert werden muss dabei auch die Frage nach allen umweltrelevanten Ereignissen bezogen auf Mitarbeiter, Geräte und Maschinen sowie Lieferanten und Subunternehmer.

5.2.6 Interne Überprüfung des Organisationssystems

Zur Verwirklichung des „kontinuierlichen Verbesserungsprozesses" muss jedes Organisationssystem in regelmäßigen Abständen auf Aktualität der Ziele, Wirksamkeit der Maßnahmen sowie Einhaltung der Regeln überprüft werden, sonst veraltet es und verliert seine Wirksamkeit. Es ist nicht nur sinnvoll, sondern auch notwendig, dies in festgeschriebenen Abständen, spätestens in Abständen von zwölf Monaten nach bestimmten Regeln zu tun. Dabei werden alle gesammelten Daten, Informationen und Erfahrungen verarbeitet – zum Beispiel Auswertungen der Schlussgespräche, Beanstandungen von Kunden, Erfahrungsberichte von durchgeführten Maßnahmenplanungen und Kennzahlen, soweit diese innerbetrieblich erstellt werden können.

Anlässe für die Durchführung einer Systemüberprüfung sind auch neue Erkenntnisse über Organisationsstrukturen, Bauverfahren, Baustoffe und Umweltverfahren, neue Gesetze und Verordnungen oder neue Geschäftsfelder.

5.2.7 Schulungen

Die Weiterbildung der Mitarbeiter in den Bereichen Bau- und Vegetationstechnik, Organisation und Nachhaltigkeit ist für ein Unternehmen lebenswichtig. Die Schulung darf nicht dem Zufall und dem Einzelinteresse des einzelnen Mitarbeiters überlassen sein, sondern sollte innerhalb des Unternehmens organisiert und in sinnvolle Bahnen geleitet werden. Deshalb wird dem Aspekt der Schulung in einem Organisationshandbuch ein gesondertes Kapitel gewidmet. Das könnte die folgenden Inhalte haben:

Bedarfsermittlung
Der Schulungsbedarf kann im Rahmen von Baustellenschlussbesprechungen als gesonderter Tagesordnungspunkt festgestellt werden. Er ergibt sich weiter durch aktuelle Situationen in Aufträgen beziehungsweise durch die Planung und Umsetzung besonderer Projekte.

Schulungsplan
Ein Schulungsplan sollte den Rahmen der Schulung festlegen, zum Beispiel die Frage nach der Art der Durchführung (intern/extern), den voraussichtlichen Kosten und dem vorgesehenen Zeitpunkt.

Unterweisungen
Zusätzlich zu den Schulungen sollten Unterweisungen im Unternehmen durchgeführt werden.

Umweltschulung

Unternehmen des Garten- und Landschaftsbaus sollten es sich zur Regel machen, einmal jährlich unabhängig von dem ermittelten Schulungsbedarf
eine Umweltschulung für alle Mitarbeiter durchzuführen. Damit gelingt es,
das Umweltbewusstsein generell zu verbessern und aktuelle Umweltauflagen sowie eigene Umweltbemühungen und -ziele zu vermitteln.

5.2.8 Statistik

Die Datensammlung mit statistischen Methoden ist die Grundlage für die
Überprüfung und Korrektur eines Systems. Aus der Datensammlung werden
die Führungs- und Umweltkennzahlen entwickelt.

Das Sammeln und Auswerten von Daten ist zum Teil mit erheblichem
Aufwand verbunden. Deshalb sollen nur die Daten gesammelt werden, die –
im Unternehmen ausgewertet – Grundlage von Unternehmensentscheidungen sein sollen. Im Kapitel über Umweltkennzahlen wurden schon ausführliche Ausführungen dazu gemacht. Es geht also unter anderem um die Erfassung der Kosten von Mängelbeseitigungen und Verstößen gegen Umweltvorschriften, Kosten der Abfallbeseitigung, um Verbrauch von Energie und
Betriebsstoffen.

Die Auswertungsergebnisse können Anlass sein zur Überprüfung und
Neufestsetzung von Qualitäts-, Umwelt- und Unternehmenszielen, zur
Überprüfung und Korrektur von Verfahrensanweisungen und zur Verschär-
fung von Prüfverfahren.

6 Unternehmenspolitik

Mit der Definition der Unternehmenspolitik wird ein fester Rahmen für das zukünftige unternehmerische Handeln geschaffen und die Einstellung zu Nachhaltigkeit und Qualität und deren Organisation definiert und festgeschrieben. Zur Realisierung und Durchsetzung sind dazu Aufgaben zu delegieren und mit den Aufgaben verbundene Verantwortungen zu erteilen. Zu beachten ist aber, dass Verantwortungen nur eingeschränkt delegierbar sind, denn die Kontrollpflicht verbleibt in der Verantwortung der Unternehmensleitung.

Die Unternehmenspolitik sollte gemeinsam mit den Führungskräften und verantwortlichen Mitarbeitern erarbeitet werden, um eine breite Akzeptanz zu erreichen. Folgende Themenbereiche sollte eine Unternehmenspolitik beinhalten:

- Wirtschaftlichkeit
- Kundenausrichtung
- Umgang mit Mitarbeitern
- Organisationsstruktur des Unternehmens
- Verhalten des Unternehmens bezogen auf Nachhaltigkeit

Bezogen auf nachhaltiges Handeln sollten alle Bereiche betrachtet werden, in denen das Unternehmen Einfluss auf Nachhaltigkeitsaspekte nehmen kann. Dabei sind alle Möglichkeiten der Einflussnahme schon in der Planungsphase eines Bauvorhabens in Erwägung zu ziehen – auch die politischen Einflussnahmen. Beispiele sind:

- gemeinsam mit dem Auftraggeber und – wenn die Planung nicht selbst vorgenommen wird – mit dem planenden Architekten eine Auswahl von Materialien und Ausführungsplanungen unter Nachhaltigkeits- und Umweltgesichtspunkten zu erzielen oder
- eine grundlegende Verhaltensänderung im Unternehmen zu erreichen mit der Absicht, das Denken und Handeln der Mitarbeiter auf ein bestimmtes Gesamtziel zu verpflichten.

Die Unternehmenspolitik sollte ein Spiegel der unternehmensinternen Einstellung darstellen.

Folgende Formulierung könnte beispielhaft in einem Handbuch stehen: Bezogen auf Nachhaltigkeit geht es dem Unternehmen vor allem um diese Punkte:

- Probleme der Reinhaltung der Luft und des Bodens

- Verminderung der Lärmemissionen
- Senkung der Abwasserbelastung
- Abfallreduzierung
- Weiterentwicklung der Anlagensicherheit, des Arbeitsschutzes und des Gesundheitsschutzes
- Schonung der natürlichen Ressourcen
- Kenntnis über die lokalen Umweltauswirkungen der Aktivitäten und Prozesse am Standort und die relevanten Verfahren auf der Baustelle als Basis für den integrierten Umweltschutz; diese Auswirkungen werden bei der Planung und Einführung neuer oder abgewandelter Technologien, Verfahren und Produkte stets im Vorfeld ermittelt und bewertet; hierdurch erreichen wir eine stetige Optimierung unserer Umweltleistung, die den Anforderungen der Gesetze und behördlichen Auflagen entsprechen, aber den Stand der Technik nach Möglichkeit übertreffen
- Verringerung aller Umweltbelastungen, die durch die Tätigkeit, die Produkte und die Dienstleistungen unseres Unternehmens entstehen, mit dem Ziel, sie möglichst ganz zu vermeiden
- Beratung der Auftraggeber, im Rahmen unserer Aufträge – durch Änderung des Entwurfes und der vorgeschriebenen Baustoffe sowie Techniken – negative Umwelteinflüsse so gering wie möglich zu halten
- Festlegung von konkreten Zielen für einzelne Umwelteinwirkungen und Teilbereiche unseres Betriebes mit dem Ziel einer stetigen Verbesserung
- Verringerung der Umwelteinwirkungen über die gesetzlichen Standards hinaus sowohl für die Bau- und Pflegearbeiten auf den Grundstücken der Kunden als auch für unsere innerbetrieblichen Abläufe auf dem Betriebshof, in der Werkstatt und im Büro
- Förderung von Wissenschaft und Forschung bei der Entwicklung nachhaltiger Verfahren

Die Umsetzung und Aufrechterhaltung des Organisationssystems Qualität, Nachhaltigkeit und Wirtschaft muss die Geschäftsführung sicherstellen. Dazu sind in einer Verfahrensanweisung (VA) die Aufgaben und Verantwortungen der Geschäftsführung und Führungskräfte zu beschreiben. Das Organisationssystem gilt für alle Mitarbeiter.

6.1 Verantwortlichkeiten zur Unternehmenspolitik

Wurde die Unternehmenspolitik von der Geschäftsführung in Zusammenarbeit mit den Verantwortlichen erarbeitet und festgelegt, ergeben sich daraus Verantwortlichkeiten auf verschiedenen Ebenen:

Geschäftsführung (GF)
Die Verantwortung für das Organisationssystem Qualität, Nachhaltigkeit und Wirtschaft trägt die Geschäftsführung. Sie legt die Unternehmenspolitik fest, überwacht sie und passt sie neuen Bedingungen und Erfahrungen an.

Beauftragter der Geschäftsführung (oberste Leitung)
Die Geschäftsführung wird in der Regel einen Mitarbeiter mit der praktischen Umsetzung, internen Überprüfung und Dokumentation beauftragen.

Technischer Leiter
Der technische Leiter trägt die Verantwortung für die Einhaltung der Vorgaben bei der Leistungserstellung.

Bauleiter
Die Bauleiter/Meister/Anlagenleiter/Obergärtner tragen die Verantwortung bei der Umsetzung des Organisationssystems in den betrieblichen Ablauf auf den ihnen zugewiesenen Baustellen. Sie unterweisen die Mitarbeiter. Ihre Aufgaben sind genau festgelegt.

Fuhrparkleiter, Disponent, Werkstattleiter (sofern vorhanden)
Er ist zuständig für den umweltgerechten Zustand und termingerechten Einsatz aller Maschinen und Lkw.

Mitarbeiter
Die Mitarbeiter tragen die Verantwortung für die Einhaltung der Umweltbestimmungen im betrieblichen Ablauf.

Kaufmännische Leitung
Die kaufmännische Leitung ist unter anderem verantwortlich für das Führen der Kostenrechnung, aus der die Daten für die Nachhaltigkeitskennzahlen ermittelt werden.

6.2 Unternehmensziele

Die Unternehmenspolitik definiert Unternehmensziele, aus denen sich konkrete Maßnahmen zur Weiterentwicklung ableiten. Die Ziele müssen realistisch und erreichbar, präzise formuliert und mit einem klaren Zeitbezug versehen sein.

Beispiel für einen Maßnahmenplan zur Verringerung der Fahrleistung (Tab. 6.1)
Bei der Analyse der Betriebsabläufe wurde festgestellt, dass bei der Fahrt zu einer unbekannten Baustelle viel Zeit für das Suchen des Grundstückes verloren ging. Damit wurden menschliche und Umweltressourcen unnötig verbraucht. Zur Reduzierung der anfallenden Kosten und des Verbrauchs wurde ein Maßnahmenplan zur Einführung von Navigationssystemen in jedem Baufahrzeug vorgeschlagen.

Tab. 6.1 Maßnahmenplan zur Verringerung der Fahrleistung

Zielsetzung	Kosten in €	Gesamt in €
Reduzierung der Fahrleistung und damit Reduzierung der anfallenden Kosten und des Verbrauchs im Jahr 2016 bezogen auf die Kennzahlen vom Vorjahr		
Zeitverbrauch ca. 40 × 0,5 h × 4 Kolonnen	40,00	3200,00
Treibstoffverbrauch 40 × 0,5 h × 12 l	1,05	250,00
Angestrebtes Einsparpotenzial		3450,00
Maßnahme und Kosten		
Ankauf und Einbau von Navigationssystemen × 4 Kolonnen	100,00	400,00
Ausarbeitung der Routen 40 × 0,25 h	40,00	400,00
Gesamtkosten		800,00
Gegenüberstellung Kosten zu Einsparpotenzial		
Kosten		800,00
Einsparpotenzial jährlich		3450,00
Einsparpotenzial		2654,00
Zuständigkeit		
Zuständig ist xx, Verantwortlicher der Geschäftsführung		
Zeitrahmen		
01.01.2016 bis 31.12.2016		

Beispiel für einen Maßnahmenplan zur Verringerung des Ölverbrauchs (Tab. 6.2)

Tab. 6.2 Maßnahmenplan zur Verringerung des Ölverbrauchs

Zielsetzung	Kosten in €	Gesamt in €
Reduzierung des Altölaufkommens um 200 l im Jahr 2016 bezogen auf die Kennzahl vom Vorjahr, Einsparpotenzial: Frischöl 1500,00 €, Entsorgung 300,00 €		1800,00
Maßnahme und Kosten		
Einsatz von Nebenstromölfiltern bei den Großgeräten		3500,00
Verlängerung der Ölwechselintervalle in Abstimmung mit den Herstellern		100,00
Gesamtkosten		3600,00
Gegenüberstellung Kosten zu Einsparpotenzial		
Kosten		3600,00
Einsparpotenzial jährlich		1800,00
Amortisation in zwei Jahren, danach ständige Reduzierung von Ressourcen und Kosten		1800,00
Zuständigkeit		
Zuständig ist xx, Verantwortlicher der Geschäftsführung		
Zeitrahmen		
01.01.2016 bis 31.12.2016		

7 Nachhaltigkeit am Standort

Je nach Größe eines Unternehmens, seiner Lage und seiner Unternehmens-philosophie kann der Firmenstandort das Wohnzimmer mit den davor gelagerten Straßenstück, ein Betriebshof mit geringer Ausstattung oder ein komplett ausgerüstetes Grundstück mit verschiedenen Einrichtungen sein. Grundsätzlich ist zu prüfen, ob unter Nachhaltigkeitsgesichtspunkten auf verschiedene Einrichtungen wie Waschplatz, Tankstelle oder Kompostplatz verzichtet und auf externe Dienstleistungen zurückgegriffen werden kann. Die Einhaltung von Umweltvorschriften und -gesetzen ist für ein Unternehmen in der Regel sehr aufwendig.

Trotz dieser Unterschiede werden die verschiedenen Einrichtungen nachstehend angesprochen. Es empfiehlt sich ein systematisches Vorgehen über Checklisten und Maßnahmenpläne, aus denen sich dann betriebliche Regelungen ableiten lassen.

Checkliste
Mit einer Checkliste kann man sich den Problemen nähern, die in Umweltfragen in einem der behandelten Bereiche auftreten. Die aufgeführten Checklisten enthalten beispielhaft wesentliche Punkte, die aber für das einzelne Unternehmen nicht unbedingt relevant sein müssen. Es ist sinnvoll, sie mit den betrieblichen Verhältnissen zu ergänzen.

Maßnahmenplan
Aus den Antworten der Checkliste lassen sich Schwachpunkte im Umweltmanagement des jeweiligen Bereiches feststellen. Aus diesen Feststellungen heraus lassen sich dann konkrete Maßnahmenpläne entwickeln, wie sie in den nachfolgenden Kapiteln gezeigt werden.

Betriebliche Regelungen
An einzelnen Bereichen wird dann gezeigt, wie eine betriebliche Regelung in einem Organisationshandbuch aussehen könnte. Wichtig ist dabei, dass die betriebsindividuellen Verhältnisse geregelt werden, um Umweltschäden zu vermeiden.

7.1 Verwaltung/Büro

Checkliste

Mit der hier vorgestellten Checkliste (Tab. 7.1) werden die Bereiche Wasser und Abwasser sowie Energie vorgestellt. Weitere Fragenbereiche können sich auf Verbrauchsmaterialien, zum Beispiel Papier, technische Einrichtungen des Büros wie Computer, Drucker oder Kopierer und auf Fragen der Entsorgung und Wartung beziehen.

Tab. 7.1 Nachhaltigkeits-Checkliste Verwaltung/Büro

Zutreffendes ankreuzen	Nein	Teilweise	Ja
Wasser und Abwasser			
Gesetzliche Bestimmungen			
Sind den Verantwortlichen die gesetzlichen Bestimmungen bezüglich der Abwasserbehandlung, -einleitung etc. (Wasserhaushaltsgesetz) bekannt?			
Ist ein Betriebsbeauftragter für den Bereich Wasser und Abwasser ernannt worden?			
Existiert ein innerbetriebliches Gesamtentsorgungskonzept einschließlich Genehmigungen, Organisationsspiegel?			
Ist das Gesamtentsorgungskonzept den Verantwortlichen bekannt?			
Ist dieses Konzept mit den Behörden abgesprochen bzw. von diesen genehmigt?			
Sind die internen Entsorgungseinrichtungen (einschließlich der Kanalisation) genehmigungspflichtig und genehmigt?			
Erfassung			
Besteht eine eigene Wasserversorgung?			
Sind Lagepläne von Trink- und Brauchwasserbrunnen im Betriebsbereich vorhanden?			
Ist die Entnahmemenge aus diesen Brunnen bekannt und wird diese aufgezeichnet?			
Liegt die Entnahmemenge innerhalb der erlaubten Menge?			
Existiert eine Nutzung von Regenwasser?			
Sind Aufschreibungen darüber vorhanden?			
Sind Lagepläne betrieblicher Wasser- und Abwasserleitungen vorhanden?			
Ist das Abwasser vollständig vom Wasser getrennt?			
Wird das Abwasser direkt oder indirekt eingeleitet?			
Ist die Zahl der Einleitungsstellen bekannt?			
Bilanzierung			
Ist die Gesamtmenge des Wasserbezuges bzw. -verbrauches und des Abwassers bekannt?			
Ist die Verteilung auf einzelne Unternehmensbereiche wie Werkstatt, Büro, Waschanlage bekannt?			
Wird Abwasser durch Abscheidung von wasserfremden Inhaltsstoffen gereinigt?			

Tab. 7.1 Nachhaltigkeits-Checkliste Verwaltung/Büro (Fortsetzung)

Zutreffendes ankreuzen	Nein	Teilweise	Ja
Sind an Verzweigungsstellen Wasseruhren installiert?			
Quellen			
Sind die Quellen von Abwasser bzw. Wasserverbrauch bekannt?			
Erfolgt eine getrennte Erfassung der Mengen?			
Ist eine Beschreibung der Abwässer nach Eigenschaften, Verschmutzungsgrad, Inhaltsstoffen, Mengen etc. vorhanden?			
Werden die Abwässer innerbetrieblich behandelt, z. B. Abscheider?			
Für welchen Zweck wird Wasser eingesetzt?			
Kühlwasser?			
Prozesswasser?			
Bewässerung?			
Heizung?			
Sanitäre Anlagen?			
Waschplatz?			
Treten Wassergemische auf?			
Ist die Zusammensetzung von Mischwasser bekannt?			
Anlagen			
Wird das Abwasser vor der Einleitung gereinigt?			
Reichen die Kapazitäten der Abwasserreinigungsanlage aus?			
Sind die entsprechenden Vorschriften bekannt?			
Vermeidung und Verminderung			
Ist die Mehrfachnutzung von Prozesswasser möglich bzw. wird diese durchgeführt?			
Wird Wasser wiederaufbereitet bzw. ist dies möglich?			
Sind zusätzliche Filtrations-, Abbau-, und Aufbereitungsschritte sinnvoll?			
Wird im Sanitärbereich auf sparsamen Wassereinsatz geachtet?			
Definiert die Geschäftsleitung periodisch neue Ziele zur Wassereinsparung?			
Erfolgt eine regelmäßige Überprüfung des Erfolges von Wassersparmaßnahmen?			
Werden Ergebnisse dokumentiert?			
Ist eine Reduzierung der Schmutzfracht und weiterer Inhaltsstoffe möglich und sinnvoll?			
Kann Abwasser oder aufbereitetes Abwasser im Betrieb wiederverwendet werden?			
Energie			
Energiearten			
Welche Arten von Energie werden eingesetzt?			
Elektrizität?			

Tab. 7.1 Nachhaltigkeits-Checkliste Verwaltung/Büro (Fortsetzung)

Zutreffendes ankreuzen	Nein	Teilweise	Ja
Elektrowärme?			
Fernwärme?			
Heizöl?			
Gas?			
Bilanzierung			
Erfolgt eine kontinuierliche Erfassung der Energieverbrauchsdaten getrennt nach Energiearten?			
Werden die Daten systematisch ausgewertet und wird eine Bilanz erstellt?			
Werden Kennzahlen ermittelt?			
Gebäude			
Ist eine Dach-Wärmedämmung eingebaut?			
Ist eine Wärmedämmung der Außenwände vorhanden?			
Sind die Fenster wärmegedämmt?			
Entspricht die Dämmung neuesten Vorschriften?			
Sind weitere Wärmedämmungsmaßnahmen vorhanden?			
Feuerungsanlagen?			
Entspricht der Zustand der Feuerungsanlagen dem Stand der Technik?			
Ist der Wirkungsgrad der Kessel- und Brennertypen bekannt?			
Gibt es einen umweltfreundlicheren Brennstoff, z. B. Gas statt Heizöl oder Schweröl?			
Ist die Verwendung von umweltfreundlicheren Brennstoffen möglich?			
Alternative Energien			
Ist die Nutzung von Windenergie aufgrund eines besonders günstigen Standortes möglich?			
Kann die Sonnenenergie in sinnvollem Umfang zur Brauchwassererwärmung genutzt werden?			
Liegen die Grundvoraussetzungen für die Installation eines Blockheizkraftwerkes vor, d. h. synchroner Strom- und Wärmebedarf (ab 50 kW_{el} und 100 kW_{th}) an möglichst vielen Tagen im Jahr?			
Energieverminderung			
Ist ein Verantwortlicher für den Bereich Energie benannt?			
Sind konkrete Ziele zur Energieeinsparung definiert worden?			
Werden Abwärmeströme genutzt?			
Ist die Heizanlage einschließlich aller Heizungsrohre ausreichend isoliert?			
Ist der Energieaufwand in der Verwaltung durch rechtzeitiges Ausschalten von Energiequellen zu reduzieren?			

Tab. 7.2 Maßnahmenplan Energie

Beschreibung des Verfahrens	Durch das Betreiben des Büros wird Energie verbraucht und durch Wände, Dach und Fenster kann Wärme entweichen	
Medium	**Beschreibung der Umweltauswirkungen**	**Maßnahmen zur Umweltentlastung**
Beleuchtung	Beleuchtung der Arbeitsplätze und Wege innerhalb des Gebäudes ist erforderlich. Durch ungeregelten Einsatz kann Energie unnütz verbraucht werden	Einbau von Energiesparlampen, Einsatz von Geräten mit Niedrigenergie. Ausschalten von Beleuchtung bei Verlassen des Arbeitsplatzes. Einbau von Dämmerungsschaltern
Wärme	Zum Arbeiten ist eine angenehme Temperatur notwendig. Durch ungeregelten Umgang während des Betriebs kann viel Wärme verlorengehen. Wärmeverluste entstehen weiter durch nicht ausreichend gedämmte Dächer, Wände und Fenster	Einbau von Wärmeregulierungen. Regelung der Belüftung. Wärmisolierung von Wänden Dach und Fenstern
Heizenergie	Der Nutzungsgrad der Heizanlage kann infolge zu hohen Alters unzureichend sein. Weiter gibt es Energiearten mit positiven Umwelteigenschaften	Auswechseln der Heizanlage. Umsteigen auf umweltfreundliche Energie

Maßnahmenplan

Aus den Antworten der Checkliste lassen sich die Schwachpunkte im Nachhaltigkeitsmanagement des jeweiligen Bereiches feststellen. Diese Feststellungen sind dann die Basis eines konkreten Maßnahmenplanes (Tab. 7.2).

7.2 Lager/Lagerhalle

Checkliste

Die Checkliste (Tab. 7.3) für das Lager und eine eventuell vorhandene Lagerhalle bezieht sich auf die Bereiche der Gefahrenstoffe und der Roh- und Hilfsstoffe. Dabei sind insbesondere sicherheitsrelevante Bereiche wichtig, die sowohl die Mitarbeiter als auch die Umwelt betreffen. Schulung und geregelte Verantwortlichkeiten sind die Basis für das betriebliche Handeln.

Tab. 7.3 Nachhaltigkeits-Checkliste Lager/Lagerhalle

Zutreffendes ankreuzen	Nein	Teilweise	Ja
Gefahrstoffe (Lager)			
Sicherheitsmaßnahmen			
Wurde ein Gefahrgutbeauftragter benannt?			
Gibt es innerbetriebliche Notfallpläne und Unfallberichte?			
Sind die Mitarbeiter eingewiesen?			
Werden die Lager- und Transportvorschriften eingehalten?			
Sind die Verantwortlichen über die gefährlichen Stoffe und die entsprechenden Notfallmaßnahmen informiert?			

Tab. 7.3 Nachhaltigkeits-Checkliste Lager/Lagerhalle (Fortsetzung)

Zutreffendes ankreuzen	Nein	Teilweise	Ja
Sind die Mitarbeiter im sachgerechten Umgang mit den Gefahrstoffen geschult?			
Sind im Lager die Brandschutzeinrichtungen ausreichend und ist für eine Be- und Entlüftung der Lagerräume gesorgt?			
Wird im Zweifelsfall eine Gefahrgutberatung beim TÜV oder einer anderen kompetenten Stelle in Anspruch genommen?			
Werden die Roh- und Hilfsstoffe (vor allem die Gefahrstoffe) und die Produkte sachgerecht gekennzeichnet, gelagert, verpackt und transportiert?			
Sind die Lagerorte für Gefahrstoffe stets gut verschlossen?			
Erfassung			
Liegt eine Liste aller Gefahrstoffe mit Jahresmenge, Lager- und Verbrauchsorten und der späteren Abfallkategorie vor?			
Wurde daraus ein Lagerkataster erstellt?			
Werden bei den Lagerlisten die aktuellen Produktinformationen bereitgehalten?			
Sind in den Listen auch betriebseigene Kraftstoff- und Öltanks berücksichtigt worden?			
Werden Gifte der Abteilungen 1 und 2 gelagert und getrennt erfasst?			
Gesetzliche Bestimmungen			
Sind den Verantwortlichen die jeweiligen Bestimmungen bekannt?			
Gibt es für alle Stoffe Sicherheitsdatenblätter und genaue Stoffbeschreibungen mit deren Umweltauswirkungen?			
Wird die Überwachungspflicht für gefährliche Stoffe nach der Gefahrstoffverordnung erfüllt?			
Entspricht die Lagerung der Gefahrstoffe den gesetzlichen Bestimmungen?			
Information			
Werden den Verantwortlichen neue Regelungen umgehend mitgeteilt?			
Ist der Kenntnisstand bezogen auf die Handhabung von Gefahrstoffen gesichert?			
Erfolgt eine umgehende Kennzeichnung von Stoffen bei Aufnahme in die Gefahrstoffliste?			
Liegen die Betriebsanweisungen an den dafür vorgesehenen Stellen im Betrieb aus?			
Roh- und Hilfsstoffe			
Erfassung und Bilanzierung			
Werden aktualisierte Lagerlisten (inkl. Mengen und Standorten) mit den notwendigen Produktinformationen bereitgehalten?			
Treten Stoffverluste auf?			
Handhabung und Gebrauch			
Sind die Sicherheitsdatenblätter und Betriebsanweisungen an den Gebrauchsorten vorhanden?			

Tab. 7.3 Nachhaltigkeits-Checkliste Lager/Lagerhalle (Fortsetzung)

Zutreffendes ankreuzen	Nein	Teilweise	Ja
Ist die Beschreibungsqualität zur sicheren Handhabung ausreichend?			
Sind die entsprechenden Mitarbeiter im Umgang mit den Stoffen geschult worden?			
Werden die Stoffe sachgerecht gelagert bzw. gibt es Haltbarkeitsdaten?			
Umweltauswirkungen			
Ist die spätere Entsorgung der Stoffreste gesichert?			
Werden alternative Stoffe erfragt und getestet?			
Messungen			
Wird eine Eingangskontrolle (z. B. eine umwelthygienische Prüfung) für alle Stoffe durchgeführt?			
Mengenreduzierung			
Existiert ein Konzept zur sparsameren Verwendung von Roh- und Hilfsstoffen und ist eine Reduzierung der Stoffe möglich?			

Maßnahmenplan

Aus den möglichen Antworten der Checkliste für Lager/Lagerhalle lässt sich ein Maßnahmenplan entwickeln, der in dem nachstehenden Beispiel die Beschreibung möglicher Umweltauswirkungen und relevante Maßnahmen zur Umweltentlastung enthält (Tab. 7.4). Behandelt werden das Gebäude, die Lagerung und der Bereich des Abfalls.

Tab. 7.4 Maßnahmenplan Lager/Lagerhalle

Beschreibung des Verfahrens	Lagerung von Kleingeräten, witterungsempfindlichen Baustoffen und Chemikalien in einer Halle	
Medium	**Beschreibung der Umweltauswirkungen**	**Maßnahmen zur Umweltentlastung**
Gebäude	Versiegelung	Dachbegrünung, Einleitung von Niederschlagswasser in Rückhaltebecken zur Bewässerung der Freiflächen
Lagerung	Unsachgemäße Lagerung, Schmiermittelverluste, Beschädigung der Verpackung	Schulung der Mitarbeiter, Lagerungsplan und Registrierung, Lagerung auf Paletten, Lagerung von Kleingeräten auf wasserundurchlässiger Unterlage, Transport mit Gabelstapler
Abfall	Unsachgemäße Entsorgung von Restmengen, Verpackungen	Schulung der Mitarbeiter, getrennte Sammlung
Sonstiges		

7.3 Betriebshof mit Lagerbereich für Schüttgüter und Baustoffe

Checkliste

Die Checkliste für den Betriebshof (Tab. 7.5) mit dem offenen Lagerbereich für Schüttgüter und Baustoffe bezieht sich auf die Bereiche der Altlasten und innerbetrieblichen Sicherheit. Der Bereich Altlasten spielt nur bei der Ersteinrichtung eine Rolle. Die Regelungen zur innerbetrieblichen Sicherheit bedürfen aber einer regelmäßigen Überprüfung und Anpassung an veränderte Situationen und Abläufe.

Tab. 7.5 Nachhaltigkeits-Checkliste Betriebshof mit Lagerbereich für Schüttgüter und Baustoffe

Zutreffendes ankreuzen	Nein	Teilweise	Ja
Altlasten			
Verdachtsflächen			
Gibt es auf dem Grundstück Altlasten?			
Existieren Lagepläne betrieblicher Altlasten oder Altdeponien?			
Innerbetriebliche Sicherheit			
Einwirkungen von außen			
Sind das Firmengelände, die Gebäude und die Einrichtungen (z. B. firmeneigene Brunnen) gegen Einwirkungen von außen gesichert?			
Interne Sicherheitskonzepte			
Ist eine Sicherheits- bzw. eine Schwachstellenanalyse durchgeführt worden?			
Existiert ein Sofortmaßnahmenkatalog für Störfälle?			
Gibt es sonstige Alarm- und Gefahrenabwehrpläne?			
Anlagensicherheit			
Sind die Sicherheitseinrichtungen von Anlagen, Maschinen, Lagern, Umschlagplätzen, Transportsystemen etc. vorhanden?			
Sprechen diese Systeme bei Überschreiten vorgegebener Grenzwerte oder Situationen automatisch an oder müssen diese manuell betätigt werden?			
Personensicherheit			
Ist für Panikbeleuchtung, Notausgänge und Fluchtwege gesorgt?			
Werden neue Stoffe erst nach Vorliegen der entsprechenden Sicherheitsdatenblätter und Betriebsanweisungen eingesetzt?			
Wird verhindert, dass Personen in den Bereich von automatisch arbeitenden Maschinen gelangen?			
Sind alle Sicherheitskennzeichnungen immer gut erkennbar gehalten und sind alle Fahrwege deutlich abgegrenzt und gekennzeichnet?			

Maßnahmenplan

Auch der Maßnahmenplan für den Betriebshof stellt die Fragen nach möglichen Umweltauswirkungen und relevanten Maßnahmen zur Umweltentlastung. Behandelt werden die Lagerflächen in ihrer Bauart und der daraus entstehenden Umweltbelastung, die Organisation der Anlieferung und Entnahme, der Umgang mit Abfall beziehungsweise Restmengen sowie die auf dem Betriebshof entstehende Lärmbelastung.

Tab. 7.6 Maßnahmenplan Betriebshof

Beschreibung des Verfahrens	Lagerung von Baustoffen und Bauteilen im Freien	
Medium	Beschreibung der Umweltauswirkungen	Maßnahmen zur Umweltentlastung
Lagerfläche	Streuverluste, Vermischung von Baustoffen bis zur Unbrauchbarkeit, Kontamination des Grundwassers durch Auswaschungen	Lagerung in gesonderten Boxen, Befestigung der Lagerfläche, Entwässerung der Lagerflächen
Organisation der Lagerflächen	Hoher Rangieraufwand bei Anlieferung und Entnahme	Funktionsgerechte Planung der Lagerfläche mit Fahrgassen und getrennter Ein- und Ausfahrt, Lagerung von Bauteilen in Gitterboxen und/oder Paletten
Abfall	Verschwendung von Baustoffen durch Restmengen, deren Wiederverwendung zweifelhaft ist. Verschwendung von Energie bei Umlagerung	Reduzierung der Restmengen durch genaue Ermittlung, Organisation von Rücknahmen bei Lieferanten, Restmengen sofort in Recyclinganlage bringen
Lärm und Erschütterung	Lärm bei Transporten und Beladen	Verwendung schallgedämpfter Maschinen

Beispiel für eine betriebliche Regelung (gilt für Lager und Betriebshof)
Aus den Maßnahmenplänen für Lager und Betriebshof wurde beispielhaft eine betriebliche Regelung entwickelt, die Teil einer betrieblichen Vereinbarung und Bestandteil des Organisationsplanes wird.
Für gefährliche oder umweltrelevante Stoffe, zum Beispiel Öle, sind die gesetzlichen Vorschriften zu beachten. Sie stehen unter Verschluss beziehungsweise Aufsicht. Der Lagerverwalter hat dafür zu sorgen, dass Abstreumittel für ausgelaufene Öle verfügbar sind und regelmäßige Kontrollen im Bereich der Gefahrstofflager durchgeführt werden. Die Kontrollen sind zu dokumentieren. Der Lagerbereich ist vor unbefugten Zugriffen und Umwelteinflüssen zu schützen.
Restmengen sind durch genaue Mengenermittlung vor einer Bestellung festzustellen. Ist das nicht möglich, ist mit dem Lieferanten über die Rücknahme zu verhandeln.
Die Lagerung von Restmengen erfolgt auf den vom Lagerverwalter festgelegten Flächen, Natursteinpflaster ist in Gitterboxen, Platten und Fertigteile sind auf Paletten zu lagern. Der freie Zugang mit dem Gabelstapler ist zu gewährleisten.

7.4 Werkstatt und Instandhaltung

Checkliste

Die Checkliste für die Werkstatt und deren Instandhaltung (Tab. 7.7) bezieht sich auf die Bereiche der gesetzlichen Bestimmungen, einer möglichen Kontamination, Notfallpläne, Materiallagerungen und Umgang mit Abfall bezogen auf Beseitigung oder Recycling.

Tab. 7.7 Nachhaltigkeits-Checkliste Werkstatt – Instandhaltung

Zutreffendes ankreuzen	Nein	Teilweise	Ja
Gesetzliche Bestimmungen			
Sind den Verantwortlichen die gesetzlichen Bestimmungen bekannt?			
Kontamination			
Sind die Böden wasserdicht versiegelt?			
Notfallpläne			
Sind Notfallpläne erarbeitet?			
Sind die Notfallpläne allen Betroffenen bekannt?			
Lagerung			
Sind Öle und Fette sicher gelagert?			
Besteht eine Buchführung über Verbrauchsmaterialien?			
Abfall			
Werden Abfälle, Lappen etc. getrennt gesammelt und entsorgt?			
Werden ausgebaute Maschinenteile der Wiederverwertung bzw. einer Recyclinganlage zugeführt?			

Maßnahmenplan

Der Maßnahmenplan für Werkstatt und Instandhaltung (Tab. 7.8) stellt die Fragen nach möglichen Umweltauswirkungen und relevanten Maßnahmen zur Umweltentlastung für die Bereiche Kontamination, Umgang bei Notfällen, Abfall, Energieverbrauch und Lärmbelastung.

Tab. 7.8 Maßnahmenplan Werkstatt

Beschreibung des Verfahrens	Firmenwerkstatt zur Pflege und Reparatur von Geräten und Maschinen	
Medium	**Beschreibung der Umweltauswirkungen**	**Maßnahmen zur Umweltentlastung**
Kontamination	Bei Werkstattarbeiten werden Öle, Fette und andere Stoffe freigesetzt und könnten bei Versickerung das Grundwasser belasten bzw. in die Entwässerung gelangen	Umweltschulung der Mitarbeiter, Versiegelung des Werkstattflächen, Stoffmanagement mit geschlossenen Auffang- und Betankungseinrichtungen, Ölabscheider
Notfälle	Auch bei bestem Management können Notfälle mit Kontamination nicht ausgeschlossen werden	Aufstellen von Notfallplänen, Schulung der Mitarbeiter
Abfall	Bei Werkstattarbeiten fallen verbrauchte Maschinenteile, Fett, Öle, Dichtungen etc. an	Schulung der Mitarbeiter, Abfallmanagement mit Trennung, Zuführung zum Recyceln
Energieverbrauch	Energie wird bei Beleuchtung und Betrieb von Maschinen gebraucht. Die Werkstatt wird geheizt	Energiesparlampen, Abschaltung von Maschinen, Wärmedämmung, Schließung von Toren
Lärm	Werkstattarbeiten verursachen Lärm	Schließung von Türen und Toren, Klimaanlage, lärmgedämmte Maschinen

Beispiel für eine betriebliche Regelung

Aus dem Maßnahmenplan für Werkstatt und Instandhaltung wurde beispielhaft nachstehende betriebliche Regelung entwickelt, die wiederum Teil einer betrieblichen Vereinbarung und Bestandteil des Organisationsplanes wird.

Zur Sicherstellung der ständigen Einsatzbereitschaft der Maschinen, Werkzeuge und Kleingeräte und deren umweltsicheren Zustand sind sie vorbeugend zu warten, entsprechend instand zu setzen, zu pflegen und schonend zu bedienen.

Jedes Großgerät ist deshalb in einer Datei zu erfassen, in der alle wichtigen Daten enthalten sind wie Fahrzeugtyp/Art, Kennzeichen, Hersteller, Typ, Fahrgestell-Nr., Erstzulassung, Luftfilter, Hydraulikölfilter, Motorölfilter, Kraftstofffilter, Keilriemengröße, Inspektion (Kilometerstand, Datum), Hauptuntersuchung (Kilometerstand, Datum), Abgassonderuntersuchung (Kilometerstand, Datum), Sicherheitsprüfung (Kilometerstand, Datum), Bereifung (Kilometerstand, Datum), Reparaturen.

Für die Einhaltung der Wartungstermine ist der Werkstattleiter verantwortlich. Die Wartungsintervalle sind nach Betriebsstunden beziehungsweise gefahrenen Kilometern festzulegen. Die durchgeführten Wartungs- und Reparaturarbeiten sind in der Wartungsdatei zu dokumentieren.

Alle eingehenden Maschinen, Geräte und Fahrzeuge sind routinemäßig zu prüfen, Geräte, Maschinen und Fahrzeuge zu reinigen, abzuschmieren und auf ihre Betriebstauglichkeit im Sinne der Betriebsanleitung und der Umweltauflagen hin zu prüfen und gegebenenfalls in einen ordnungsgemäßen Zustand zu versetzen.

Der Werkstattleiter ist verantwortlich für die kontinuierliche Prüfung der Sicherheit und Instandsetzung der Betriebsanlagen (Werkstatteinrichtungen, Tankstelle, Ölversorgungs- und Entsorgungseinrichtungen, Heizung, elektrische Roll- und Schiebetore), gegebenenfalls unter Einschaltung der zuständigen Prüfstellen beziehungsweise Hersteller.

Der Energieaufwand in der Verwaltung ist durch rechtzeitiges Ausschalten von Energiequellen zu reduzieren.

Grundsätzlich sind nur Biodiesel und biologisch abbaubare Hydraulik- und Ketten-Öle zu verwenden.

Ölwechsel und Lackierarbeiten werden grundsätzlich in einer Fremdwerkstatt vorgenommen.

7.5 Tankstelle

Checkliste

Die Checkliste für eine Tankstelle (Tab. 7.9) bezieht sich auf die Bereiche der gesetzlichen Bestimmungen, einer möglichen Kontamination, Notfallpläne, Materiallagerungen und Umgang mit Abfall bezogen auf Beseitigung oder Recycling.

Tab. 7.9 Nachhaltigkeits-Checkliste Tankstelle

Zutreffendes ankreuzen	Nein	Teilweise	Ja
Gesetzliche Bestimmungen			
Sind den Verantwortlichen die gesetzlichen Bestimmungen bekannt?			
Entspricht die Tankstelle den gesetzlichen Vorschriften?			
Wurde die Tankstelle vom TÜV abgenommen?			
Kontamination			
Sind die Flächen wasserdicht versiegelt?			
Sind Ölabscheider vorhanden?			
Werden Ölabscheider regelmäßig gewartet und entsorgt?			
Notfallpläne			
Sind Notfallpläne erarbeitet?			
Sind Notfallpläne allen Betroffenen bekannt?			
Lagerung			
Sind Öle und Fette sicher gelagert?			
Besteht eine Buchführung über Verbräuche?			
Abfall			
Werden Abfälle, Lappen etc. getrennt gesammelt und entsorgt?			

Maßnahmenplan

Der Maßnahmenplan für eine Tankstelle (Tab. 7.10) stellt die Fragen nach möglichen Umweltauswirkungen und relevanten Maßnahmen zur Umweltentlastung für die Bereiche Kontamination, Abgase und Schadstoffemissionen, Abfall und Lärmbelastung.

Tab. 7.10 Maßnahmenplan Tankstelle

Beschreibung des Verfahrens	Betankung von Fahrzeugen und Behältern mit Benzin, Diesel und Ölen	
Medium	**Beschreibung der Umweltauswirkungen**	**Maßnahmen zur Umweltentlastung**
Kontamination	Öle, Treibstoffe können beim Betanken überlaufen	Automatische Zufuhrverriegelung, Auffangwannen, Ölabscheider, wasserdichter Belag; Lagerung in geprüften und zugelassenen Behältern
Abgase, Schadstoffemissionen	Bei der Verbrennung von Betriebsstoffen entstehen Abgase, die die Umwelt belasten	Ausschalten aller wartenden Fahrzeuge; Vermeiden von unnötigem Rangieren
Abfall	Entsorgung von Behältern	Fachgerechte Entsorgung von Behältern, Verwendung recyclebarer Behälter; regelmäßige Wartung und Ersatz von Tankschläuchen und Trichtern
Lärm	Maschineneinsatz ist mit Lärm verbunden	Einsatz lärmgeminderter Geräte und Maschinen; Ausschaltung von wartenden Fahrzeugen

7.6 Waschplatz

Checkliste

Die Checkliste für einen Waschplatz (Tab. 7.11) bezieht sich auf die Bereiche der gesetzlichen Bestimmungen, einer möglichen Kontamination, Notfallpläne, Chemikalien und Umgang mit Abfall. Der Bereich Kontamination wird durch die Bauart des Waschplatzes bestimmt und muss nach der Erstellung in regelmäßigen Abständen auf Wirksamkeit überprüft werden.

Tab. 7.11 Nachhaltigkeits-Checkliste Waschplatz

Zutreffendes ankreuzen	Nein	Teilweise	Ja
Gesetzliche Bestimmungen			
Sind den Verantwortlichen die gesetzlichen Bestimmungen bekannt?			
Entspricht der Waschplatz den gesetzlichen Vorschriften?			
Wurde der Waschplatz vom TÜV abgenommen?			
Kontamination			
Sind die Flächen wasserdicht versiegelt?			
Sind Ölabscheider vorhanden?			
Werden Ölabscheider regelmäßig gewartet und entsorgt?			
Notfallpläne			
Sind Notfallpläne erarbeitet?			
Sind Notfallpläne allen Betroffenen bekannt?			
Chemikalien			
Sind die Reinigungschemikalien sicher gelagert?			
Besteht eine Buchführung über Verbräuche?			
Abfall			
Werden Abfälle, Lappen, Behälter etc. getrennt gesammelt und entsorgt?			

Maßnahmenplan

Der Maßnahmenplan für einen Waschplatz (Tab. 7.12) stellt nur die Fragen nach einer möglichen Kontamination.

Tab. 7.12 Maßnahmenplan Waschplatz

Beschreibung des Verfahrens	Waschen von Fahrzeugen und Geräten	
Medium	**Beschreibung der Umweltauswirkungen**	**Maßnahmen zur Umweltentlastung**
Kontamination	Das Waschwasser wird durch Reinigungsmittel, Öle, Treibstoffe, Reifenabrieb und Straßen- und Baustellenschmutz kontaminiert	Geschlossenes System mit Ölabscheider, Wiederaufbereitung, Verwendung biologisch abbaubarer Waschmittel

7.7 Fuhrpark

Checkliste

Die Checkliste für den Fuhrpark (Tab. 7.13) bezieht sich auf die Bereiche der Fahrzeuge bezogen auf Eignung, Zulassung und Einrichtung sowie möglicher umweltfreundlicher Antriebsarten, Prioritäten beim Kauf und Wartung sowie den Betrieb einschließlich der Schulung der Mitarbeiter.

Tab. 7.13 Nachhaltigkeits-Checkliste Fuhrpark

Zutreffendes ankreuzen	Nein	Teilweise	Ja
Fahrzeuge			
Sind die Transportmittel (zweckbestimmt) zugelassen?			
Sind alle Fahrzeuge mit schadstoffreduzierenden Einrichtungen (Katalysator, Rußfilter etc.) ausgerüstet?			
Besteht die Möglichkeit sonnenenergie- oder gasbetriebene Fahrzeuge einzusetzen bzw. werden solche bereits benutzt?			
Kauf und Wartung			
Wird eine Kaufentscheidung von den Abgas- und Lärmwerten abhängig gemacht?			
Werden keine Metallic-Lackierungen bei Neufahrzeugen bestellt?			
Werden runderneuerte Reifen mit Gütezeichen und Umweltengel eingesetzt?			
Werden die Abgaswerte der Fahrzeuge regelmäßig kontrolliert?			
Werden umweltfreundliche Ersatzteile (z. B. asbestfreie Bremsbeläge) verwendet?			
Erfolgt eine regelmäßige Wartung der Fahrzeuge in qualifizierten Werkstätten durch qualifiziertes Personal?			
Betrieb der Fahrzeuge			
Wird nur bleifreies Benzin oder Biodiesel getankt?			
Erfolgt immer eine Tourenplanung nach ökologischen und ökonomischen Gesichtspunkten?			
Werden die Fahrzeugführer zu umweltfreundlichem Fahren motiviert oder dahingehend geschult?			

Maßnahmenplan

Der Maßnahmenplan für den Fuhrpark (Tab. 7.14) stellt die Fragen nach der Art der Betriebsstoffe, der Abgase, einer möglichen Kontamination durch Undichtigkeiten, der Lärmentwicklung beim Betrieb und einer rationellen und umweltfreundlichen Betriebslogistik.

Tab. 7.14 Maßnahmenplan Fuhrpark

Beschreibung des Verfahrens	Bei der Herstellung von Freianlagen werden viele Geräte und Maschinen verwendet	
Medium	**Beschreibung der Umweltauswirkungen**	**Maßnahmen zur Umweltentlastung**
Betriebsstoffe	Der Einsatz der Geräte und Maschinen erfordert Betriebsstoffe. Damit werden die Ressourcen der Natur verbraucht	Ausschalten von Geräten und Maschinen, wenn sie zeitweise nicht gebraucht werden
Abgase	Bei der Verbrennung von Betriebsstoffen entstehen Abgase, die die Umwelt belasten	Verwendung von Abgas- und Rußfiltern, Anschaffung abgasarmer Maschinen und Geräte, Ausschalten wie vor
Bodenkontamination	Kontamination des Bodens durch Fette und Öle	Regelmäßige Wartung und Ersatz von Hydraulikschläuchen
Lärm	Maschineneinsatz ist mit Lärm verbunden	Einsatz lärmgeminderter Geräte und Maschinen
Transporte	Durch unüberlegten Maschineneinsatz entstehen hohe Transporte mit Umweltbelastung	Gezielte Geräte- und Maschinenlogistik unter Umweltaspekten

Beispiel für eine betriebliche Regelung

Aus dem Maßnahmenplan für den Fuhrpark lässt sich beispielhaft nachstehende betriebliche Regelung entwickeln. Sie wird Teil einer betrieblichen Vereinbarung und Bestandteil des Organisationsplanes.

Alle Mitarbeiter sind verpflichtet, Schutzbrillen, Gehörschützer, Schutzhelme, Schnitthosen entsprechend der jeweiligen Arbeit zu verwenden. Der sachgemäße Umgang mit umweltgefährdenden Stoffen (z. B. Öl, Benzin, Diesel, Abfall) gehört zu den betrieblichen Pflichten aller Mitarbeiter.

Jeder Mitarbeiter trägt die Verantwortung für das ihm übergebene Fahrzeug, die Maschine oder das Gerät und trägt auch die Gefahr, die davon ausgeht. Die Bedienungs- und Sicherheitsanweisungen sind zu beachten. Vor jedem Einsatz ist der ordnungsgemäße Zustand von Geräten/Maschinen/Fahrzeugen zu überprüfen (z. B. Reifenprofil, Funktionsfähigkeit der Bremsen). Verantwortlich ist der Mitarbeiter, der das Gerät/Fahrzeug/Maschine bedient. Die Fahrzeuge sind grundsätzlich nach Arbeitsende nur auf dafür ausgewiesenen Flächen aufzutanken, zu säubern und abzuschmieren.

Großgeräte, die im Gelände arbeiten, werden im Betriebshof bei der Durchsicht des Gerätes gereinigt. Die Innenreinigung ist Sache des Fahrers/Maschinisten. Abfall ist umgehend zu entfernen.

7.8 Kompostplatz

Checkliste

Die Checkliste für den Kompostplatz (Tab. 7.15) bezieht sich auf die Bereiche der gesetzlichen Bestimmungen und Verordnungen, Sammlung der organischen Massen und Steuerung der Kompostierung, Kontrolle auf Belastungen und Eignung, Verwertung und Sicherheitsmaßnahmen.

Tab. 7.15 Nachhaltigkeits-Checkliste Kompostplatz

Zutreffendes ankreuzen	Nein	Teilweise	Ja
Gesetzliche Bestimmungen und Verordnungen			
Sind den Verantwortlichen die gesetzlichen Bestimmungen bekannt?			
Gibt es einen Beauftragten für Kompost?			
Ist die Kompostierung zugelassen?			
Wurde die Genehmigung unbefristet erteilt?			
Sind Auflagen umgesetzt?			
Werden alle Auflagen voll erfüllt?			
Wird ein Nachweis über die Kompostierung geführt?			
Liegt ein Wirtschaftsplan zur Verwendung von Kompost und den Zwischenprodukten vor?			
Ist dieses Konzept innerbetrieblich dokumentiert?			
Ist die Kompostfläche abgedichtet?			
Wird Sickerwasser erfasst?			
Wird Sickerwasser gereinigt der Vorflut zugeführt?			
Sammlung und Steuerung			
Erfolgt eine Kontrolle auf Verunreinigungen bei Anlieferung?			
Werden Verunreinigungen der fachgerechten Entsorgung zugeführt?			
Wird das Verfahren der Kompostierung gesteuert?			
Wird nach den anerkannten Regeln der Technik kompostiert?			
Kontrolle			
Wird der Kompost auf seine Reife und Inhaltsstoffe geprüft?			
Wird Mulch auf seine Eignung und Belastung mit Schadstoffen und Krankheiten geprüft?			
Verwertung			
Gibt es ein innerbetriebliches Konzept für die Verwertung?			
Gibt es Anweisungen, wie Mehrmengen an Kompost und Mulch verwertet werden, die nicht mehr im eigenen Betrieb verwendet werden können?			
Ist gesichert, dass Fremdverwender Kompost und Mulch fachgerecht verwenden?			
Sicherheitsmaßnahmen			
Sind innerbetriebliche Notfallpläne für Kompostierung vorhanden?			
Sind die Pläne auf dem neuesten Stand?			

Maßnahmenplan

Der Maßnahmenplan für den Kompostplatz (Tab. 7.16) stellt die Fragen nach dem Umgang mit pflanzlichen Reststoffen generell, zum Beispiel durch direkte Rückführung vor Ort, Umgang mit kontaminierter organischer Masse wie Straßenbegleitgrün, Umgang mit Abfall in der organischen Masse und der Transportlogistik.

Tab. 7.16 Maßnahmenplan Kompost

Beschreibung des Verfahrens	Bei der Herstellung von Freianlagen entsteht Abfall durch die eigenen Leistungen und fällt Abfall aus dem Besitz des Auftraggebers an	
Medium	**Beschreibung der Umweltauswirkungen**	**Maßnahmen zur Umweltentlastung**
Pflanzliche Reststoffe	Pflanzliche Reststoffe, d. h. Schnittgut der Pflanzen- und Rasenpflege wird häufig noch als Abfall entsorgt	Vermeidung von pflanzlichen Reststoffen durch direkte Rückführung auf die Vegetationsfläche, Liegenlassen von Rasenschnittgut
Kontamination	Grünabfall kann je nach Herkunft (z. B. Grünschnitt von Straßen) kontaminiert sein. Sickerwässer können Grundwasser kontaminieren	Direkte Entsorgung kontaminierter pflanzlicher Reststoffe, Kompostflächen abdichten, Wasser sammeln und über Pflanzkläranlage der Vorflut zuführen
Abfall	Pflanzlichen Reststoffen beigemischter Abfall belastet den Kompost und mindert seine Qualität	Aussortierung des Abfalls und getrennte Entsorgung
Transporte	Durch unüberlegte Entsorgungslogistik entstehen zu viele Transporte mit Umweltbelastung	Rasenschnittgut anwelken lassen, Gehölzschnittgut schreddern, gezielte Entsorgungslogistik unter Umweltaspekten

7.9 Abfallmanagement

Checkliste

Die Checkliste für das Abfallmanagement (Tab. 7.17) bezieht sich auf die Bereiche der gesetzlichen Bestimmungen und Verordnungen, der Erfassung und Quellen, der Sammlung und möglichen Anlage zur Verarbeitung, der Entsorgungssicherheit, der Sicherheitsmaßnahmen sowie Möglichkeiten der Verminderung und Vermeidung.

Tab. 7.17 Nachhaltigkeits-Checkliste Abfallmanagement

Zutreffendes ankreuzen	Nein	Teilweise	Ja
Gesetzliche Bestimmungen			
Sind den Verantwortlichen die gesetzlichen Bestimmungen bekannt?			
Gibt es einen Beauftragten für Abfall?			
Sind alle Entsorger und Transporteure zugelassen bzw. wurden diese bezüglich ihrer Genehmigung befragt?			
Sind die eigenen Transportmittel (stoffspezifisch) zugelassen?			
Wird der gesetzlichen Verpflichtung entsprochen, den Weg der Abfälle von der Entsorgung bis zur Beseitigung lückenlos zu verfolgen?			
Wird ein Nachweisbuch über die Entsorgung anhand von Begleitpapieren geführt?			
Liegt ein Gesamtentsorgungskonzept einschließlich Genehmigungen, Organisationsspiegel etc. vor?			
Wurde dies mit der zuständigen Behörde abgesprochen oder von dieser genehmigt?			
Ist dieses Konzept innerbetrieblich ausführlich dokumentiert und den Verantwortlichen bekannt?			
Sind betriebseigene Entsorgungs- oder Wiederaufarbeitungsanlagen genehmigungspflichtig und liegen diese Genehmigungen vor?			
Werden alle Auflagen voll erfüllt?			
Erfassung			
Ist ein Abfall- und Reststoffkataster vorhanden, in dem alle Stoffarten getrennt erfasst sind?			
Wird eine Einteilung nach Deponieklassen vorgenommen?			
Ist für jede Stoffart eine genaue Beschreibung vorhanden?			
Quellen			
Gibt es eine Liste mit der Herkunft von Abfall?			
Anlagen			
Existiert eine betriebseigene Behandlungsanlage für Abfälle und Reststoffe, z. B. die Kompostanlage?			
Sammlung			
Erfolgt eine getrennte Sammlung von Abfällen und Reststoffen und erfolgt diese sortenrein nach Stoffen getrennt?			
Werden kompostierbare Abfallbestandteile getrennt gesammelt?			
Ist die Sammlung und die Behälterbereitstellung und -entleerung organisiert?			
Ist ein Missbrauch von Abfall- und Reststoffen und deren Behältern weitestgehend ausgeschlossen?			
Sind die Sammelstellen im Betrieb gekennzeichnet?			

Tab. 7.17 Nachhaltigkeits-Checkliste Abfallmanagement (Fortsetzung)

Entsorgung und Verwertung			
Beschreibung der Entsorgungswege bis zur endgültigen Entsorgung oder Wiederverwertung vorhanden?			
Erfolgt eine Überprüfung der Wirksamkeit dieser Entsorgungswege bzw. wird die Seriosität und die Entsorgungsmethode der Entsorgungsunternehmen geprüft?			
Halten sich die Entsorger an behördliche Auflagen und wird deren Einhaltung stichprobenartig überprüft?			
Sind die derzeitigen Entsorgungswege und -methoden noch Stand der Technik bzw. entsorgungssicher?			
Ist eine innerbetriebliche Entsorgung oder Wiederverwertung möglich?			
Lagerung			
Werden Abfälle und Reststoffe bis zur Entsorgung innerbetrieblich gelagert?			
Werden belastete bzw. kontaminierte Abfälle und Reststoffe entsprechend gekennzeichnet und gesichert?			
Entsorgungssicherheit			
Existieren getrennte Verträge für Entsorger und Transporteure?			
Liegt eine Annahmeerklärung des Entsorgers vor?			
Sicherheitsmaßnahmen			
Sind innerbetriebliche Notfallpläne für die Abfallentsorgung vorhanden?			
Sind die Pläne auf dem neuesten Stand?			
Verminderung und Vermeidung			
Werden Stoffe im Betrieb selbst wiederverwertet?			
Werden kompostierbare Anteile intern verwertet?			
Wird eine Überprüfung auf Wiederverwendbarkeit bei Abfällen und Reststoffen durchgeführt?			
Ist mit Lieferanten und Kunden ein Pfand- und Rückgabesystem vereinbart?			

Maßnahmenplan

Der Maßnahmenplan für das Abfallmanagement (Tab. 7.18) stellt die Fragen nach dem Umgang mit baulichen und organischen Reststoffen, nach Abfall und Transportlogistik.

Tab. 7.18 Maßnahmenplan Abfall

Beschreibung des Verfahrens	Bei der Herstellung von Freianlagen entsteht Abfall durch die eigenen Leistungen und fällt Abfall aus dem Besitz des Auftraggebers an	
Medium	**Beschreibung der Umweltauswirkungen**	**Maßnahmen zur Umweltentlastung**
Reststoffe	Reststoffe wie z. B. Bruch aus Mauer- und Wegebauarbeiten werden häufig wie Abfall behandelt und belasten Deponien	Sofern möglich und ohne Umweltbelastung Weiterverwendung im Gelände. Getrennte Sammlung und Rückführung in den Stoffkreislauf durch Recycling
Pflanzliche Reststoffe	Pflanzliche Reststoffe, d. h. Schnittgut der Pflanzen- und Rasenpflege werden häufig noch als Abfall entsorgt	Vermeidung von pflanzlichen Reststoffen durch direkte Rückführung auf die Vegetationsfläche. Liegenlassen von Rasenschnittgut. Rückführung in den Stoffkreislauf durch Kompostierung
Abfall	Unsortierter Abfall belastet Deponien in besonderem Maße, weil sich die Art der Deponie nach dem Anteil richtet, der am schwersten zu entsorgen ist (Sondermüll)	Sortierung des Abfalls
Transporte	Durch unüberlegte Entsorgungslogistik entstehen zu viele Transporte mit Umweltbelastung	Gezielte Entsorgungslogistik unter Umweltaspekten

Beispiel für eine betriebliche Regelung

Aus dem Maßnahmenplan für den Abfall wurde beispielhaft nachstehende betriebliche Regelung entwickelt. Diese Regelung hat sowohl umweltrelevante Bedeutung als auch wirtschaftliche Konsequenzen. Sie wird Teil einer betrieblichen Vereinbarung und Bestandteil des Organisationsplanes.

Stoffliche Abfälle, zum Beispiel Verschnitt und Bruch, werden nach Möglichkeit direkt auf den Baustellen unter anderem beim Aufbau von Tragschichten wiederverwendet. Wird eine Entsorgung von fremden Abfällen aus dem Bereich des Auftraggebers gefordert, sind die Übernahmescheine/Wiegekarten dem Projekt eindeutig zuzuordnen. Der Anlagenleiter hat darauf zu achten, dass als Abfallerzeuger der Auftraggeber benannt wird und nicht das eigene Unternehmen.

Werden Abfälle von der Baustelle zum Standort gebracht, sind diese zu sortieren und den Sammelplätzen zuzuordnen. Es dürfen nur Kleinmengen bis zu 1,00 m³ über unser Unternehmen entsorgt werden. Bei größeren Abfallmengen darf erst entsorgt werden, wenn die Modalitäten der Entsorgung beziehungsweise Rückführung in den Wirtschaftskreislauf über Recycling sowie die Vergütung gesichert sind. Verantwortlich für die vertrag- und umweltrechtliche Klärung ist die Bauleitung.

Das Vergraben von Abfällen ist grundsätzlich untersagt.

8 Abläufe in Landschaftsbauunternehmen

Die Beschaffung, Durchführung und Nachbearbeitung von Aufträgen sind Prozesse, in denen verschiedene Mitarbeiter eines Unternehmens auf unterschiedlichen Ebenen Leistungen erbringen. Diese Leistungen sind voneinander abhängig (verzahnt) und führen nur dann zu einem Gesamterfolg, wenn alle Einzelschritte konsequent durchgeführt werden.

An einem Beispiel für Aufträge, bei denen das Unternehmen im Privatbereich tätig ist, werden die Einzelaktivitäten, die für eine erfolgreiche Auftragsdurchführung erforderlich sind, in Ablaufdiagrammen dargestellt (Abb. 8.1 bis 8.3).

Anfragen sollten nach dem Vorgespräch grundsätzlich daraufhin überprüft werden, ob sich eine weitere Bearbeitung überhaupt lohnt. Zwei Bereiche spielen dabei eine Rolle. Auf der einen Seite sind technische, vertragsrechtliche und umweltrelevante Fragen zu klären. Zu prüfen ist, ob die erwartete Leistung technisch in das Spektrum der Firma passt. Dann sind die vertraglichen Randbedingungen zu klären und um einen nachhaltigen Erfolg zu erzielen, müssen sich Unternehmen und zukünftige Kunde in den Zielen – bezogen auf Nachhaltigkeit – weitgehend einig sein. Auf der anderen Seite spielen wirtschaftliche Aspekte eine große Rolle, also Fragen nach der Solvenz des anfragenden Kunden und seines Umgangs mit Auftragnehmern. Kommt man hier zu einem negativen Ergebnis, gehört diese Anfrage in den Papierkorb.

Ebenso konsequent sollte vorgegangen werden, sobald ein Auftrag erteilt ist. Besonderer Wert ist dabei auf eine systematische Arbeitsvorbereitung mit Klärung aller offenen Fragen sowie auf die Dokumentation der Einzelschritte zu legen.

Unabdingbar ist eine sorgfältige Nachbereitung eines Auftrages, denn sie ist eine besonders gute Erkenntnisquelle für das tatsächliche Nachhaltigkeitsverhalten aller Beteiligten – Kunde, Führungspersonal, Mitarbeiter sowie Fremdfirmen und Zulieferer. Nur auf Basis dieser Erkenntnisse kann sich ein Unternehmen weiterentwickeln. Die Grafik zeigt die einzelnen Schritte, auf die nie verzichtet werden sollte.

Abb. 8.1 Betriebs-
abläufe Privat-
bereich – Auftrags-
beschaffung

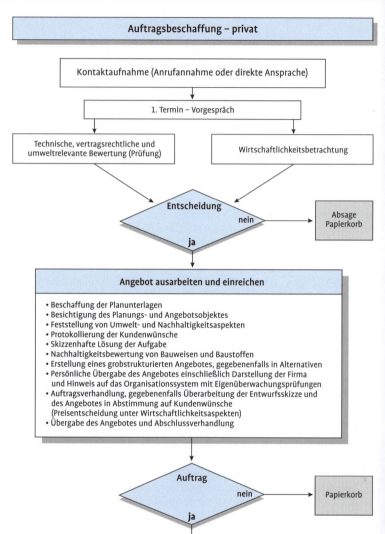

Abb. 8.1 Betriebsabläufe Privatbereich – Auftragsbeschaffung

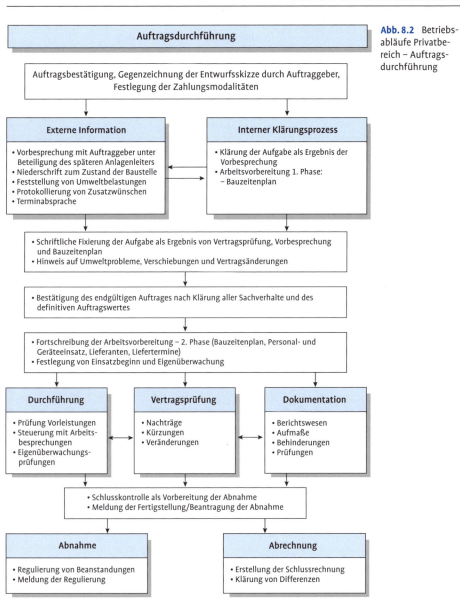

Auftragsdurchführung

Auftragsbestätigung, Gegenzeichnung der Entwurfsskizze durch Auftraggeber, Festlegung der Zahlungsmodalitäten

Externe Information

- Vorbesprechung mit Auftraggeber unter Beteiligung des späteren Anlagenleiters
- Niederschrift zum Zustand der Baustelle
- Feststellung von Umweltbelastungen
- Protokollierung von Zusatzwünschen
- Terminabsprache

Interner Klärungsprozess

- Klärung der Aufgabe als Ergebnis der Vorbesprechung
- Arbeitsvorbereitung 1. Phase:
  – Bauzeitenplan

- Schriftliche Fixierung der Aufgabe als Ergebnis von Vertragsprüfung, Vorbesprechung und Bauzeitenplan
- Hinweis auf Umweltprobleme, Verschiebungen und Vertragsänderungen

- Bestätigung des endgültigen Auftrages nach Klärung aller Sachverhalte und des definitiven Auftragswertes

- Fortschreibung der Arbeitsvorbereitung – 2. Phase (Bauzeitenplan, Personal- und Geräteeinsatz, Lieferanten, Liefertermine)
- Festlegung von Einsatzbeginn und Eigenüberwachung

Durchführung

- Prüfung Vorleistungen
- Steuerung mit Arbeitsbesprechungen
- Eigenüberwachungsprüfungen

Vertragsprüfung

- Nachträge
- Kürzungen
- Veränderungen

Dokumentation

- Berichtswesen
- Aufmaße
- Behinderungen
- Prüfungen

- Schlusskontrolle als Vorbereitung der Abnahme
- Meldung der Fertigstellung/Beantragung der Abnahme

Abnahme

- Regulierung von Beanstandungen
- Meldung der Regulierung

Abrechnung

- Erstellung der Schlussrechnung
- Klärung von Differenzen

Abb. 8.2 Betriebsabläufe Privatbereich – Auftragsdurchführung

Abb. 8.3 Betriebsabläufe Privatbereich – Nachbereitung, Kundenbetreuung

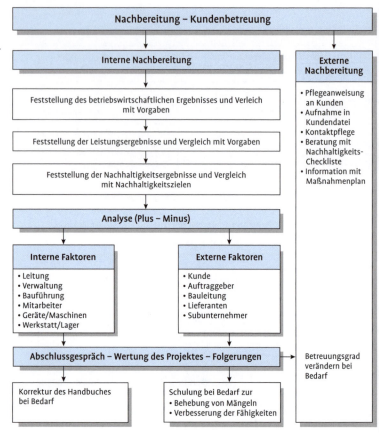

In gleicher Weise lassen sich Ablaufdiagramme erstellen – beispielsweise für Aufträge der öffentlichen Hand und Großbaumverpflanzungen, Baumpflege- und Baumsanierung, Dachbegrünungen, Spiel- und Sportplatzbauarbeiten (Abb. 8.4 bis 8.6).

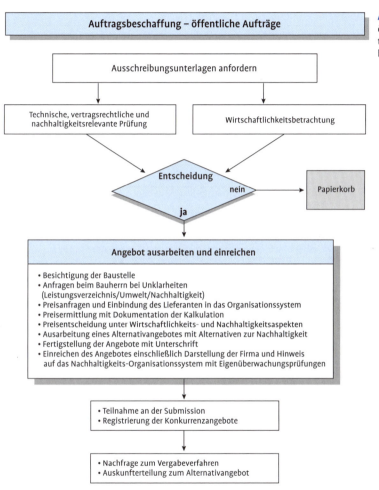

Abb. 8.4 Abläufe öffentliche Aufträge – Auftragsbeschaffung

Abb. 8.5 Abläufe öffentliche Aufträge – Auftragsdurchführung

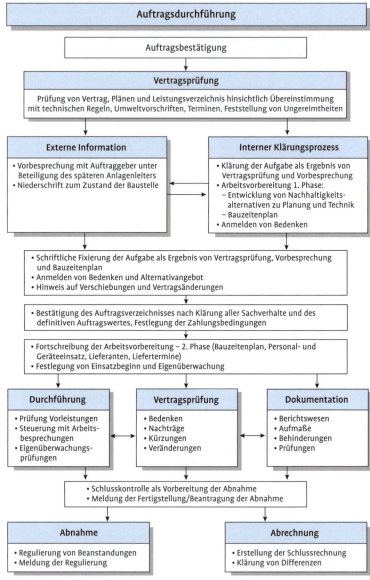

Auftragsdurchführung

Auftragsbestätigung

Vertragsprüfung

Prüfung von Vertrag, Plänen und Leistungsverzeichnis hinsichtlich Übereinstimmung mit technischen Regeln, Umweltvorschriften, Terminen, Feststellung von Ungereimtheiten

Externe Information

• Vorbesprechung mit Auftraggeber unter Beteiligung des späteren Anlagenleiters
• Niederschrift zum Zustand der Baustelle

Interner Klärungsprozess

• Klärung der Aufgabe als Ergebnis von Vertragsprüfung und Vorbesprechung
• Arbeitsvorbereitung 1. Phase:
  – Entwicklung von Nachhaltigkeitsalternativen zu Planung und Technik
  – Bauzeitenplan
• Anmelden von Bedenken

• Schriftliche Fixierung der Aufgabe als Ergebnis von Vertragsprüfung, Vorbesprechung und Bauzeitenplan
• Anmelden von Bedenken und Alternativangebot
• Hinweis auf Verschiebungen und Vertragsänderungen

• Bestätigung des Auftragsverzeichnisses nach Klärung aller Sachverhalte und des definitiven Auftragswertes, Festlegung der Zahlungsbedingungen

• Fortschreibung der Arbeitsvorbereitung – 2. Phase (Bauzeitenplan, Personal- und Geräteeinsatz, Lieferanten, Liefertermine)
• Festlegung von Einsatzbeginn und Eigenüberwachung

Durchführung

• Prüfung Vorleistungen
• Steuerung mit Arbeitsbesprechungen
• Eigenüberwachungsprüfungen

Vertragsprüfung

• Bedenken
• Nachträge
• Kürzungen
• Veränderungen

Dokumentation

• Berichtswesen
• Aufmaße
• Behinderungen
• Prüfungen

• Schlusskontrolle als Vorbereitung der Abnahme
• Meldung der Fertigstellung/Beantragung der Abnahme

Abnahme

• Regulierung von Beanstandungen
• Meldung der Regulierung

Abrechnung

• Erstellung der Schlussrechnung
• Klärung von Differenzen

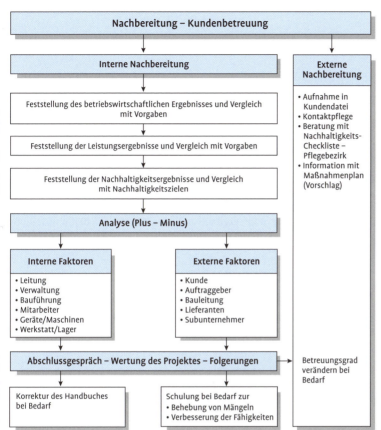

Nachbereitung – Kundenbetreuung

Interne Nachbereitung

Externe Nachbereitung

Feststellung des betriebswirtschaftlichen Ergebnisses und Vergleich mit Vorgaben

Feststellung der Leistungsergebnisse und Vergleich mit Vorgaben

Feststellung der Nachhaltigkeitsergebnisse und Vergleich mit Nachhaltigkeitszielen

• Aufnahme in Kundendatei
• Kontaktpflege
• Beratung mit Nachhaltigkeits-Checkliste – Pflegebezirk
• Information mit Maßnahmenplan (Vorschlag)

Analyse (Plus – Minus)

Interne Faktoren
• Leitung
• Verwaltung
• Bauführung
• Mitarbeiter
• Geräte/Maschinen
• Werkstatt/Lager

Externe Faktoren
• Kunde
• Auftraggeber
• Bauleitung
• Lieferanten
• Subunternehmer

Abschlussgespräch – Wertung des Projektes – Folgerungen

Betreuungsgrad verändern bei Bedarf

Korrektur des Handbuches bei Bedarf

Schulung bei Bedarf zur
• Behebung von Mängeln
• Verbesserung der Fähigkeiten

Abb. 8.6 Abläufe öffentliche Aufträge – Nachbereitung, Kundenbetreuung

9 Nachhaltigkeit im Planungsprozess

Die entscheidenden Weichen für nachhaltige Konstruktionen und Prozesse werden in der Planungsphase gestellt. Im Blickpunkt steht in Zukunft vor allem die Betrachtung des Lebenszyklus einer Freianlage. Die Bewertung der Planungsschritte und -ergebnisse hilft bei der Entscheidungsfindung und ebenso wichtig ist deren Dokumentation.

9.1 Nachhaltigkeit und Lebenszyklus

9.1.1 Lebenszyklus

Bei der Planung von Gebäuden wird heute immer stärker der Lebenszyklus betrachtet. Es werden unterschieden:
- Planungsphase
- Errichtungsphase
- Nutzungs- und Betriebsphase
- Instandhaltung- und Modernisierungsphase
- Umnutzungs-/Weiternutzungsphase
- Rückbau und Wiederverwendung
- Recycling

Für Gärten und Freianlagen hat die Diskussion über den Lebenszyklus inzwischen auch begonnen. Er entspricht im Wesentlichen dem für Gebäude. Auch hier spielen Fragen der Modernisierung und der Umnutzung eine große Rolle. Es gibt aber einen wesentlichen Unterschied: Bei Gebäuden haben wir es mit einem statischen Element zu tun, dessen Verfall nach der Herstellung beginnt. Durch Instandhaltungsmaßnahmen oder durch Umnutzung verbunden mit Umbau und Teilerneuerungen wird dieser Prozess verzögert, ein Ende ist aber absehbar. Eine grüne Freianlage (Abb. 9.1) ist ein dynamisches Element, das sich permanent verändert. Ein Ende ist bei baulichen Teilen, wie Mauern, Wegen, Treppen, Installationen oder Einrichtungen, auch absehbar, bei der pflanzlichen Komponente allerdings nur zum Teil, wie uns sehr alte Parkanlagen zeigen. Hier spielt die Möglichkeit einer Revitalisierung eine große Rolle. Sie kann sich im Lebenszyklus mehrmals wiederholen, betrifft aber im Wesentlichen das Baum- und Strauchgerüst.

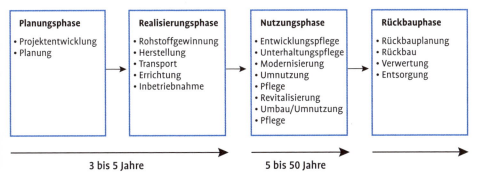

Planungsphase	Realisierungsphase	Nutzungsphase	Rückbauphase
• Projektentwicklung • Planung	• Rohstoffgewinnung • Herstellung • Transport • Errichtung • Inbetriebnahme	• Entwicklungspflege • Unterhaltungspflege • Modernisierung • Umnutzung • Pflege • Revitalisierung • Umbau/Umnutzung • Pflege	• Rückbauplanung • Rückbau • Verwertung • Entsorgung

3 bis 5 Jahre   5 bis 50 Jahre

Abb. 9.1 Lebenszyklus einer grünen Freianlage

Bei einem Hausgarten können die Veränderung der Familienstrukturen während der Nutzungsphase, wie Familienzuwachs, Auszug der Kinder aus dem elterlichen Haus, Trennung und Wiederverheiratung, eine Anpassung oder Umplanung und einen Umbau erforderlich machen. Mit zunehmendem Alter oder durch Veränderung der gesundheitlichen Umstände fallen manchem Bewohner bestimmte alltägliche Verrichtungen im Garten nicht mehr so leicht. Dazu können Intensivbepflanzungen, bauliche Gegebenheiten, wie steile Treppen, Wartungsarbeiten an Einrichtungen oder notwendige Schnittarbeiten an Gehölzen erschwerend beitragen. Im Sinne einer Lebenszyklusbetrachtung sollten Grundsätze des barrierefreien Bauens sowie mögliche Anpassungs- und Umbaumöglichkeiten schon in der Entwurfsphase einer grünen Freianlage berücksichtigt werden. Außerdem ist zu bedenken, dass Modetrends, wie die Welle der Kies- und Schottergartenteile, Anlass zu Umgestaltungen sind.

Auch öffentliche Freianlagen sind gesellschaftlichen, klimatischen oder ökonomischen Veränderungen unterworfen. Im Idealfall wird darauf rechtzeitig reagiert – mit Umnutzung Teilabriss, Umbau oder Umstellung in Pflege und Bewirtschaftung. Erhalten bleibt in diesen Fällen in Regel das Baumgerüst, sodass der Erneuerungsprozess bezogen auf die Pflanzung relativ ist.

Schon in Umbauphasen, spätestens aber am Ende der Nutzungszeit stehen die Fragen des Rückbaus und damit von Wiederverwendung, Recycling oder, wenn keine andere Lösung mehr möglich ist, von Beseitigung an. Abbildung 9.2 zeigt die Recyclingstufen auf. Schon in der Planungsphase sollte die Frage des Rückbaus, beispielsweise Fragen der Wiederverwendbarkeit von Baustoffen, in Betracht gezogen werden.

9.1.2 Lebenszykluskosten

Als Lebenszykluskosten werden die Kosten für Herstellung, Unterhaltung, Umbau sowie Rückbau und Entsorgung während der Lebensdauer einer Freianlage bezeichnet. Sie spielen bei öffentlichen Grünanlagen inzwischen eine große Rolle. Ihre Ermittlung wird zunehmend als Basis für Entscheidungen eingefordert.

Umfassende Informationen zu Lebenszykluskosten von öffentlichen Außenanlagen sowie Hinweise auf eine entsprechende Datenbank enthält das

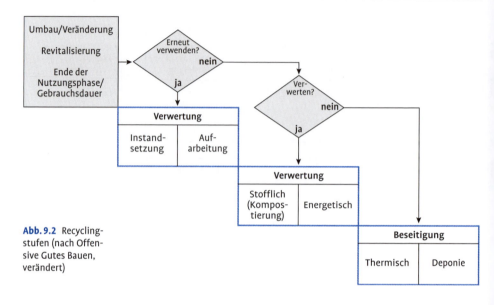

Abb. 9.2 Recycling-stufen (nach Offensive Gutes Bauen, verändert)

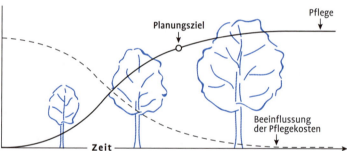

Abb. 9.3 Eine nachhaltige Grünflächenplanung umfasst auch die Planung der Pflege (nach SCHULTZE 2016)

Buch von RALF SEMMLER und JANA SCHULTZE mit dem Titel „Der Lebenszyklus von Außenanlagen" (September 2016).

Für den Privatgartenbereich und gewerbliche Freianlagen wird über diese Kosten derzeit noch nicht diskutiert. Bei der Beratung von Kunden über die Wahl von Materialien kann die Einbeziehung der Lebenszykluskosten aber eine wichtige Rolle spielen.

Bei der Ermittlung der Kosten sind Herstellung, Fertigstellungs- und Entwicklungspflege, Unterhaltung sowie Rückbau mit Entsorgung zu betrachten.

Die Kosten der Unterhaltung, die die Herstellungskosten um ein Mehrfaches übersteigen, sind in der Planungsphase durch die Wahl des Materials, die Art der Konstruktion und die Auswahl der Pflanzen wesentlich zu beeinflussen (Abb. 9.3).

Der Lebenszyklus eines Materials beginnt mit der Gewinnung und endet mit dem Rückbau. Je witterungsbeständiger ein Material ist, desto länger ist sein Lebenszyklus. Die Lebensdauer einer wassergebundenen Wegedecke ist erheblich kürzer als die eines Wegebelages aus Granit. Die Herstellkosten unterscheiden sich erheblich voneinander, ebenso die Unterhaltungskosten in umgekehrter Relation.

Auch Pflanzen sind einem Lebenszyklus unterworfen, der von der jeweiligen Art abhängt. Es werden Einjährige und Mehrjährige unterschieden. Das theoretisch mögliche Lebensalter ist arttypisch und abhängig vom Standort und anderen Faktoren. Zeitspannen werden in der Literatur vor allem bei Baumarten benannt. Durch Pflege-, Schnitt- sowie weitere Kulturmaßnahmen kann in bestimmten Grenzen einer Vergreisung vorgebeugt werden.

9.2 Nachhaltigkeitsqualitätsmerkmale

Nachhaltigkeit von Freianlagen wird vorrangig durch eine entsprechende Planung bewirkt, die alle Nachhaltigkeitsaspekte in die Entwurfs- und Detailplanung einbezieht. Landschaftsbaufirmen bieten in der Regel ihre Leistungen im Privatbereich einschließlich einer Planung und auf der Grundlage dieser Planung an. Sofern sie nur als ausführende Firmen tätig werden, können sie sich durch umweltgerechte Alternativangebote oder bei Übernahme von Planungsleistungen direkt in den Entscheidungsprozess einbringen.

Als Qualitätsmerkmale für Außenanlagen an Bundesliegenschaften sind in BBR 2013 aufgeführt:

Ökologische Qualität:
- Wasser- und Abwasserkonzept mit dezentraler Regenwasserbewirtschaftung
- Maßnahmenkonzept zu Bodenschutz und Versiegelungsgrad
- Maßnahmenkonzept Klimawandel
- Biodiversitätskonzept

Ökonomische Qualität:
- Maßnahmenkonzept Kosteneffizienz
- Mehrfachnutzungskonzept
- Maßnahmenkonzept Vorsorge-, Reserve- und Wartungsflächen
- Maßnahmenkonzept Energie

Soziokulturelle und funktionale Qualität:
- Freiraumzonierungskonzept
- Maßnahmenkonzept Erschließung und Mobilität
- Maßnahmenkonzept Design für alle
- Maßnahmenkonzept Bewegung und Spiel
- Maßnahmenkonzept Denkmalpflege

Technische Qualität:
- Maßnahmenkonzept Angepasster Technologieeinsatz
- Materialkatalog
- Freimachungs- und Recyclingkonzept

Prozessqualität:
- Maßnahmenkonzept zur integralen Planung
- Informations- und Partizipationskonzept

Standortqualität:
- Bebauungskonzept
- Regionales Hochwasserkonzept

Konkrete Beispiele für nachhaltiges Planen sind zum Beispiel:
- Minimierung von Bodenaushub und Abtransport durch Belassen und Verwerten auf dem Grundstück
- Stoffkreisläufe beachten und schließen
- Verwendung güteüberwachter Recyclingbaustoffe
- Standortgerechte Pflanzen verwenden
- Niederschlag zur Bewässerung nutzen
- Natürliche Sukzession fördern
- Biotope vernetzen
- Pflegeaufwand extensivieren
- Freianlagen regelmäßig pflegen und warten
- Rückzugsgebiete und Nahrungsreserven für die Fauna sichern

Diese Merkmale lassen sich sinngemäß auch auf die Planungen von Gärten durch Landschaftsbauunternehmen übertragen. Speziell für die soziale Bedeutung von Gärten versuchte EVA BONGARTZ (2013) ihr Potenzial an der Bedürfnispyramide nach Maslow zu untersuchen. Die Kernsätze ihrer Untersuchung sind:
- Biologische und physiologische Bedürfnisse: Der Garten ist der Ursprungsort der systematischen Nahrungsmittelerzeugung, die den Menschen unabhängiger von der Natur machte. Als „Grüne Oase" versorgt er Städte mit Sauerstoff.
- Sicherheitsbedürfnisse: Gärten vermitteln Sicherheit. Sie sollten Orte sein, an denen man sich gefahrlos aufhalten kann.
- Zugehörigkeit und Liebesbedürfnisse: Gärten sind soziale Treffpunkte, Orte der Kommunikation.
- Wertschätzungsbedürfnisse: Privatgärten sind Statussymbole. Öffentliche Parkanlagen demonstrieren das Image eines Ortes.
- Kognitive Bedürfnisse: Gärten verkörpern kulturgeschichtliches, ökologisches und ästhetisches Wissen einer Gesellschaft und werden dort vermittelt.
- Ästhetische Bedürfnisse: In Gärten wird Schönheit erlebt, diskutiert, hinterfragt und geschaffen. Sie sind das Gegenkonzept zum modernen, technisierten Alltag.
- Selbstverwirklichung: Die Gestaltung des eigenen Gartens und die Arbeit darin erzeugen Erfüllung und Übereinstimmung der eigenen Person mit der Umwelt.
- Transzendenz: Der Garten als Verbindung von Natur und Kultur ist kulturübergreifendes Symbol in Schöpfungsmythen und verweist auf die Grundfrage des Seins.

Freianlagen sollten möglichst multifunktional geplant und auf eine Lebensdauer ausgerichtet sein, die einer schnelllebigen Zeit angemessen ist. Das bedeutet, dass nicht immer die dauerhafteste und meistens auch teurere Lösung die richtige ist. Bei der Entscheidung für eine bestimmte Lösung ist rückbaugerechten und schadstoffarmen Konstruktionen der Vorzug unter Berücksichtigung der vorgesehenen Nutzungszeit einzuräumen. Güteüberwachte Recyclingbaustoffe sollten so weit wie technisch vertretbar vorgesehen werden, sonst ortsnah gewonnene und erzeugte Baustoffe.

Nachhaltig sind kurze Erschließungsstraßen und kurze Zufahrtswege von öffentlichen Verkehrsflächen zu Parkflächen sowie Mehrfachnutzung von Verkehrsflächen (Mischflächennutzung). Verkehrsbedingte Emissionen lassen sich durch Verzicht auf Steigungen und sinnvolle Verkehrslenkung mindern. Auf eine verkehrsgerechte Dimensionierung des Oberbaus und die Auswahl des Deckenaufbaus ist zu achten.

Standortgerechte und vorrangig einheimische Pflanzen sollten auch unter Beachtung ihres Bedarfes an Bewässerung verwendet, die natürliche Sukzession der Vegetationsstrukturen in die Planung einbezogen und gefördert, vorhandene Biotope integriert, Biotopvernetzung und Trittsteinbiotope unterstützt werden. Weiter ist die Unterhaltspflege bei der Bepflanzungsplanung zu berücksichtigen. Dazu gehört auch ein Abfallmanagement für organische Abfälle aus Pflegeleistungen, zum Beispiel Kompostierung auf der Fläche oder Verarbeitung in Biogasanlagen.

Im Rahmen des Planungsprozesses entstehen zwangsläufig Konflikte bezogen auf gestalterische, technische, soziale und ökonomische Aspekte sowie Umweltbelange. Deshalb bedeutet „nachhaltiges Bauen" immer ein Abwägen unter verschiedenen Gesichtspunkten. Der Entscheidungsweg sollte dabei immer für alle beteiligten Stellen, insbesondere für den Auftraggeber, durchschaubar und nachvollziehbar sein. Der Auftraggeber sollte grundsätzlich in die Entscheidungsfindung einbezogen werden, weil jede Bauweise Konsequenzen für die Zukunft, insbesondere für die Unterhaltung und die Lebensdauer, beinhaltet.

9.3 Nachhaltiges Bauen und Normen

Im Bauwesen hat sich die Gemeinschaft der am Bau Beteiligten im Laufe der Jahre ein Regelwerk in Form von Normen und Richtlinien erarbeitet, in dem einvernehmlich und nach Abstimmung mit allen am Bau Beteiligten festgelegt wird, was als technischer Mindestanspruch bezogen auf die spätere Nutzung gelten soll. Dabei gibt es viele sicherheitsrelevante Normen, die den Mitbürger vor körperlichem Schaden bewahren sollen, andere Normen wollen durch die Festlegung von Mindestanforderungen den Auftraggeber vor Schäden durch eingeschränkte Brauchbarkeit bewahren. Normen definieren also Messgrößen, die in Zweifels- und Streitfällen als eine von mehreren Beurteilungskriterien herangezogen werden können. Festlegungen in Normen behindern in der Regel das nachhaltige Bauen nicht. Neben den Normen gibt es aber weitere Erkenntnisquellen, die ebenso zu beachten sind.

Da jeder deliktfähige Mensch für sein Tun und Handeln selbst verantwortlich ist, kann und darf er jederzeit von den anerkannten Regeln der

Technik abweichen. Er muss aber, weil er eben für sein Tun selbst verantwortlich ist, für Schäden haften, die daraus resultieren, dass das von ihm geplante oder gebaute Werk mit Fehlern behaftet ist, die den vorgesehenen Gebrauch mindern (BGB und VOB).

Bei nachhaltigem Planen und bei der Auswahl der Bauweisen werden alle entscheidenden umweltrelevante Parameter, wie die Energiebilanz der verwendeten Baustoffe, Recyclingfähigkeit, Förderung der Artenvielfalt oder andere Umweltaspekte, beachtet, die in den Augen des Entscheiders einen besonders hohen Stellenwert bezogen auf das Bauvorhaben besitzen. In die Entscheidung sind selbstverständlich alle anerkannten Regeln der Bau- und Vegetationstechnik, aber auch neuere Erkenntnisse einzubeziehen.

9.4 Bewertungen

9.4.1 Bewertung der Planung

In Ergänzung des „Bewertungssystems Nachhaltiges Bauen (BNB) Neubauten von Büro- und Verwaltungsbauten" wurde auch ein „Bewertungssystem Nachhaltiges Bauen (BNB) – Außenanlagen von Bundesliegenschaften" (BMVBS 2012) entwickelt. Tabelle 9.1 enthält die Nachhaltigkeitskriterien, die dieser Bewertung zugrunde liegen. Da dieses Bewertungssystem sich nur auf Außenanlagen für Bundesbauten bezieht, wird derzeit bei der FLL ein Kriterienkatalog für die Bewertung der Nachhaltigkeit von verschiedenen Freianlagentypen erarbeitet.

Tab. 9.1 Nachhaltigkeitskriterien für Außenanlagen an Bundesliegenschaften (Auszug aus dem Bewertungssystem Nachhaltiges Bauen (BNB) – Außenanlagen von Bundesliegenschaften, BNB-AA, 2012_1, BMVBS)

Ökologische Qualität
Wirkungen auf die globale und lokale Umwelt
• Ökologische Wirkungen (von Grünstrukturen und Wasserflächen, Anteil der Grün- und Wasserflächen an der Gesamtfläche des Baugrundstücks)   • Risiken für die lokale Umwelt (Emissionen aus Baumaterialien und -produkten, Lärmbeeinträchtigungen, Lichtverschmutzung)   • Vegetation (Erhalt von Bestandsbäumen, dauerhafter Schutz der Bäume – Bestand und Neupflanzung –, standort- und funktionsgerechte Neupflanzung, Qualitätssicherung der Pflanzenverwendung)   • Biodiversität (Schutz der Biodiversität, Entwicklung der Biodiversität, invasive Pflanzenarten)   • Materialeinsatz (Verwendung regionaler Materialien – Naturstein, Neumaterialien, Verwendung von zertifiziertem Holz, Ökobilanz/Umweltproduktdeklarationen)
Ressourceninanspruchnahme
• Energie (Außenraumbeleuchtung, Energieeffizienz, Energieaufwand für die Herstellung von Baumaterialien)   • Boden (Inanspruchnahme von Boden, Inanspruchnahme des Bodens durch Stellplätze, Beeinträchtigung des Bodens durch Unterbauung durch Tiefgaragen, Auswahl der Flächen für bauliche Anlagen)   • Wasser (Bewässerung, Versickerungsfähigkeit der Oberflächen, Regenwasserbewirtschaftung)
Ökonomische Qualität
Lebenszykluskosten
• Kosten von Außenanlagen im Lebenszyklus (Lebenszykluskosten gesamt, Anteil Herstellungskosten an den gesamten Lebenszykluskosten, Verhältnis Instandsetzungskosten zu Herstellungskosten)

Tab. 9.1 Nachhaltigkeitskriterien für Außenanlagen an Bundesliegenschaften
(Auszug aus dem Bewertungssystem Nachhaltiges Bauen (BNB) – Außenanlagen von Bundesliegenschaften,
BNB-AA, 2012_1, BMVBS) (Fortsetzung)

Wertentwicklung

- Kostenoptimierte Planung und Nutzung (Mehrfachnutzung, kostenpflichtige Stellplätze, Umnutzungsfähigkeit, Kosteneinsparungen)

Soziokulturelle und funktionale Qualität

Gesundheit, Behaglichkeit und Nutzerzufriedenheit

- Aufenthaltsqualitäten (Anzahl der Sitzmöglichkeiten, Besonnungsdauer der Sitzbereiche, Ausstattungsmerkmale)

Funktionalität

- Barrierefreiheit und Orientierung (barrierefreie Stellplätze, barrierefreie Zugänglichkeit, barrierefreie Sitzbereiche, Orientierung)
- Fußgänger- und Fahrradkomfort (Hauptwegebreite, Beleuchtung, Anzahl der Fahrradstellplätze, Fahrradkomfort)

Sicherung der Gestaltungsqualität

- Planungswettbewerb und gestalterische Qualität (Planungswettbewerb/Durchführung von Planungswettbewerben, Art des Wettbewerbsverfahrens, Teilnahmeberechtigung am Wettbewerb, Beauftragung der Preisträger, Beauftragung des 1. Preisträgers), Variante 1: Auszeichnung durch ein Expertenteam, Variante 2: Erstellung von Entwurfsvarianten)
- Umgang mit Infrastruktureinrichtungen (gestalterische Anpassung und Einbindung von Infrastruktureinrichtungen, Organisation und Lage von Infrastruktur)

Technische Qualität

Technische Ausführung

- Pflege und Unterhalt (Instandhaltungsfreundlichkeit von technischen Anlagen, Revisionierbarkeit von Bauteilen und Materialien, Bewirtschaftung von Außenanlagen)
- Wiederverwendung und Recycling (Wiederverwendung von Materialien in der Bauphase – befestigte Flächen, KG 520, Verwendung von güteüberwachten recycelten Materialien in der Bauphase, Wiederverwendungs- und Recyclingpotenzial der verbauten Materialien)
- Nachhaltige Materialien und Bauweisen (Schwachstellen schützende Maßnahmen, Ressourcen schonende Materialien und nachhaltige Bauweisen)

Prozessqualität

Planung

- Projektvorbereitung und Bestandsaufnahme (Masterplan, Wettbewerb, Bestandsaufnahme der Außenanlage, Bodengutachten, Besonnungs- und Beschattungsstudie, Zusatz: Parkpflegewerk (denkmalpflegerische Zielkonzeption bei gegebenem Anlass)
- Integrale Planung (Qualifikation des Planungsteams für Außenanlagen, Federführung durch Landschaftsarchitekten, Nutzerbeteiligung, Öffentlichkeitsbeteiligung)
- Integration nachhaltiger Aspekte in Planung und Ausschreibung (Optimierung von Planungsunterlagen: Prüfung, Variantenvergleich, Integration von Nachhaltigkeitsaspekten in die Ausschreibung)

Qualität der Bauausführung

- Baustelle/Bauprozess (Maßnahmen zur Baustelleneinrichtung, Bodenschutz auf der Baustelle, Schutz erhaltenswerter Vegetation, abfallarme Baustelle, Erdaushub)
- Qualitätssicherung der Bauausführung (Qualifikation der ausführenden Unternehmen, Qualifikation der Bauleitung, Qualitätskontrolle)

Tab. 9.1 Nachhaltigkeitskriterien für Außenanlagen an Bundesliegenschaften (Auszug aus dem Bewertungssystem Nachhaltiges Bauen (BNB) – Außenanlagen von Bundesliegenschaften, BNB-AA, 2012_1, BMVBS) (Fortsetzung)

Qualität der Bewirtschaftung
• Bewirtschaftungsqualität von Außenanlagen (Erstellung einer Objektdokumentation, Erstellung von Wartungs-, Inspektions- und Pflegeanleitungen, Schaffung von guten Voraussetzungen für die optimale Bewirtschaftung)
Standortqualität
Umgang mit Standortmerkmalen
• Verhältnisse und Risiken am Mikrostandort (Risiken durch Hochwasser, Lärmbeeinträchtigungen durch Außenlärm, Berücksichtigung der Topografie, Berücksichtigung lokaler Vegetation und Landschaftselemente, Zusatz: Berücksichtigung der denkmalschutzrechtlichen Belange)
• Angebotsvielfalt an Freiraumtypen (gebäudebezogene Freiraumtypen)
• Einbindung und Zugänglichkeit (räumliche Einbindung durch Sichtbeziehungen, öffentliche Zugänglichkeit, Erreichbarkeit von Haltestellen des ÖPNV)

9.4.2 Bewertung von Baustoffen

Bauen ist fast immer mit der Verwendung von Baustoffen verbunden. Bei der Herstellung, dem Gebrauch und der Entsorgung von Baustoffen greift der Mensch in die Regelkreise des Ökosystems ein. Da wir eine Verantwortung für unsere Nachkommen haben, muss dieser Eingriff so erfolgen, dass auch diesen eine brauchbare Umwelt zur Verfügung steht.

Umweltfreundliche Baustoffe zeichnen sich durch eine positive Erfüllung folgender Kriterien aus:
• Geringe Umweltbelastung bei der Herstellung
• Geringer Primärenergiebedarf
• Dezentrale Verfügbarkeit
• Geringe Emissionen bei der Verarbeitung
• Keine schädliche Gesundheitsauswirkung bei Gebrauch
• Globalrecyclingfähigkeit

Umweltgerechte Baustoffe sind also Baustoffe, die dem Ökosystem entnommen, unter geringem Energieaufwand physikalisch oder chemisch verändert und nach ihrem Gebrauch dem Ökosystem wieder zugeführt werden können. Dabei dürfen Entnahme, Gebrauch und Entsorgung nur geringe Folgen für das Ökosystem haben, dessen Bestandteil auch der Mensch ist.

Um Baustoffe nach ihren Umweltaspekten werten zu können, sind genaue Kenntnisse über ihre Gewinnung, Verarbeitung, Lebensdauer und Entsorgungsmöglichkeiten erforderlich. In Tabelle 9.2 werden die üblichen Baustoffe nach Umweltkriterien bewertet. Dabei spielen die vorbeugenden baulichen Maßnahmen unter dem Aspekt des Umweltschutzes eine besondere Rolle.

Das Bundesministerium für Umwelt, Naturschutz, Bau und Reaktorsicherheit (BMUB) stellt mit der Ökobau.dat eine vereinheitlichte Datenbasis für ökologische Bewertungen von Bauwerken zur Verfügung. Es werden

Baumaterialien sowie Bau- und Transportprozesse der folgenden Kategorien hinsichtlich ihrer ökologischen Wirkungen beschrieben:

- Mineralische Baustoffe
- Dämmstoffe
- Holzprodukte
- Metalle
- Anstriche und Dichtmassen
- Bauprodukte aus Kunststoffen
- Komponenten von Fenstern, Türen und Vorhangfassaden
- Gebäudetechnik
- Sonstiges

Tab. 9.2 Umweltbewertung von Baustoffen

Baustoff	Umwelt-belastung bei Herstellung	Primärenergiebedarf in kW/m³		Dezentrale Verfügbar-keit	Emissionen bei Verar-beitung	Gesundheits-auswirkungen bei Gebrauch	Global-recycling
Bindemittel							
Lehm	gering	0 bis	30	ja	gering	positiv	ja
Gips	mäßig		465	nein	mäßig	positiv	bedingt
Kalk	mäßig		1450	nein	mäßig	positiv	bedingt
Zement	hoch	1700 bis	2000	nein	mäßig	neutral	bedingt
Steine							
Natursteine	mäßig	40 bis	200	ja	mäßig	neutral	ja
Ziegel	hoch	235 bis	1750	ja	mäßig	positiv	bedingt
Beton	hoch	400 bis	533	nein	mäßig	neutral	bedingt
Lehmbau-stoffe	gering	0 bis	800	ja	gering	positiv	ja
Mörtel							
Lehm	gering	0 bis	133	ja	gering	positiv	ja
Gips	gering	150 bis	539	nein	mäßig	positiv	bedingt
Kalk	gering	310 bis	778	nein	mäßig	positiv	bedingt
Zement	mäßig	265 bis	978	nein	mäßig	neutral	bedingt
Kalkzement	mäßig	583 bis	750	nein	mäßig	neutral	bedingt
Metalle							
Stahl	hoch	63 000 bis	84 706	nein	mäßig	neutral	bedingt
Aluminium	hoch		195 500	nein	mäßig	neutral	bedingt
Kupfer	hoch		133 000	nein	mäßig	positiv	bedingt
Holzbau-stoffe	gering	470 bis	750	ja	gering	positiv	bedingt
Kunststoffe (PVC)	hoch	12 800 bis	22 680	nein	hoch	negativ	nein

Datenbanken, aus denen die Nachhaltigkeit von Baustoffen entnommen werden kann, die für Landschaftsbauarbeiten benötigt werden, existieren noch nicht. Die Zahl von freiwilligen Umwelt-Produktdeklarationen nimmt jedoch zu. Ein Beispiel ist die Umwelt-Produktdeklaration für Betonpflastersteine grau mit Vorsatz des Betonverbandes Straße, Landschaft, Garten (SLG). Die Umwelt-Produktdeklaration (EPD, Environmental Product Declaration) wurde durch das Institut Bauen und Umwelt e. V. (IBU) erstellt (IBU: http://www.bau-umwelt.de).

Bedingt zurate gezogen werden können Listen, die in der Fachliteratur zu finden sind. Beispiele werden in den nachstehenden Kapiteln gezeigt.

9.4.3 Bewertung der Lebenserwartung

Jede Entscheidung für eine Bauweise oder einen Baustoff ist auch abhängig von den Anforderungen, die der Auftraggeber an die Lebenserwartung stellt. Hinweise auf Lebenserwartungen und Eigenschaften geben die Tabellen 9.3 bis 9.5.

Tab. 9.3 Lebenserwartung von Bauteilen/Elementen (nach SIA D 0123, IEMB 1998, BMBau 1994, LBB 1995, Wert R 91, VDI 2067 und IP Bau 1994)

Bauelement	Lebenserwartung	
	von – bis	im Mittel
Einfriedungen, Zäune, Palisaden, Schranken, Tore		
Weichholz, imprägniert	15 bis 25	20
Hartholz	25 bis 35	30
Metall verzinkt, kunststoffummantelt	30 bis 40	35
Betonfertigteile	60 bis 80	70
Abwasserleitungen, Abläufe, Schächte, Bauwerke		
1. Leitungen		
• Steinzeug	80 bis 100	90
• Beton, Stahlbeton (Schmutzwasser)	50 bis 100	70
• Beton, Stahlbeton (Regenwasser)	50 bis 100	60
• Ortbeton mit Innenauskleidung	80 bis 100	90
• Kunststoff	40 bis 50	45
2. Schächte und Bauwerke		
• Beton	60 bis 80	70
• Kanalklinker	80 bis 100	90
• Kunststoff-, Fertigteile	40 bis 50	45

Tab. 9.3 Lebenserwartung von Bauteilen/Elementen (nach SIA D 0123, IEMB 1998, BMBau 1994, LBB 1995, Wert R 91, VDI 2067 und IP Bau 1994) (Fortsetzung)

Bauelement	Lebenserwartung	
	von – bis	im Mittel
3. Schachtabdeckungen		
• Gusseisen	60 bis 100	80
• Stahlbeton	40 bis 60	50
Verkehrsanlagen: Wege, Straßen, befahrbare Plätze, Höfe, Kfz-Stellplätze		
1. Betondecke	20 bis 30	25
2. Asphaltdecke	15 bis 25	20
3. Gepflasterte Fläche		
• Naturstein hart	80 bis 150	100
• Beton, Klinker, Kunststeinplatten, Naturstein weich auf weichem Unterbau	20 bis 40	30
• Beton, Klinker, Kunststeinplatten, Naturstein weich auf Betonunterbau	40 bis 60	50
Beleuchtung Außenanlage		
1. Leuchtmaste, Lichtrohrleitungen		
• Gusseisen, Stahl verzinkt, Aluminium	30 bis 40	35
• Edelstahl	60 bis 100	80
2. Seile		
• Stahl, nichtrostend	60 bis 80	70
• Kunststoff, glasfaserverstärkt	40 bis 60	50
3. Sonstiges		
• Beleuchtungskörper	20 bis 30	25
• Erdverlegte Kabel	20 bis 30	25
• Schaltschränke und Uhren	12 bis 18	15

Tab. 9.4 Wichtige Holzarten und ihre Eigenschaften (Informationsdienst Holz: „Heimisches Holz im Wasserbau", „Einheimische Nutzhölzer und ihre Verwendung")

Holzart Name Botanischer Name	Kurzzeichen nach DIN 4076-1	Holzfarbe	Witterungsbeständigkeit	Eignung im Wasserbau	Härte	Elastizität	Festigkeit	Quellen/ Schwinden
Nadelholz								
Fichte *Picea abies*	FI	gelblich weiß bis gelblich braun	gering	ja	weich	gut	gut	gering
Kiefer *Pinus sylvestris*	KI	gelblich weiß bis rotbraun	gut*	ja	mittelhart	gut	gut	gering
Lärche *Larix decidua*	LA	hellgelb bis intensiv rötlich	hoch*	sehr gut	mittelhart	sehr gut	sehr gut	gering
Tanne *Abies alba*	TA	weißlich bis gelblich weiß	gering	ja	weich	gut	gut	gering
Laubholz								
Ahorn *Acer pseudoplatanus*	AH	gelblich weiß bis rötlich	gering	–	hart	gut	sehr gut	gering
Buche *Fagus sylvatica*	BU	blassgelb bis rötlich braun	gering	–	hart	gut	sehr gut	stark
Eiche *Quercus robus*	EI	gelblich weiß bis gelbbraun	sehr hoch*	ausgezeichnet	hart	ausgezeichnet	ausgezeichnet	gering
Erle *Alnus glutinosa*	ER	rötlich	gering	gut	weich	gering	gering	gering
Hainbuche *Carpinus betulus*	HB	grauweiß bis gelbweiß	gering	–	sehr hart	groß	gut	mittel
Pappel *Populus*	PA	weißlich bis gelblich weiß	gering	–	sehr weich	gering	gering	gering
Robinie*** *Robinia pseudoacacia*	ROB	gelblich weiß bis hellbraun	sehr hoch	sehr gut	hart	sehr gut	sehr gut	gering
Ulme/Rüster *Ulmus*	RU	hellgelb bis rotbraun	mittel**	gut	hart	sehr gut	gut	gering
Weide *Salix*	WDE	weißlich bis rotbräunlich	gering	–	sehr weich	gering	gering	gering

Tab. 9.4 Wichtige Holzarten und ihre Eigenschaften (Informationsdienst Holz: „Heimisches Holz im Wasserbau", „Einheimische Nutzhölzer und ihre Verwendung") (Fortsetzung)

Holzart Name Botanischer Name	Kurz- zeichen nach DIN 4076-1	Holzfarbe	Witterungs- beständig- keit	Eignung im Was- serbau	Härte	Elasti- zität	Festig- keit	Quellen/ Schwinden
Westafrikanisches Tropenholz								
Afzelia *Afzelia bipindensis*	AFZ	gelblich grau bis rotbraun	sehr gut	sehr gut	sehr hart, fest, schwer zu nageln, vorbohren			gering
Azobé/ Bongossi *Lophira alata*	AZO	hell bis rot- braun	mittel bis hoch	–	hart, schwer bearbeitbar, festes Bauholz			stark

* Kernholz, Splintholz wesentlich geringer; ** hohe Dauerhaftigkeit im Boden; *** geringe Vorkommen

Tab. 9.5 Klassen der natürlichen Dauerhaftigkeit häufiger Bauhölzer nach DIN EN 350-2

Klasse		Dauerhaftigkeit Resistenz des ungeschützten Kernholzes bei lang an- haltend hoher Holzfeuchte oder ständigem Erdkontakt	Gebrauchsdauer Außenbereich mit Erdkontakt	Holzart
1		sehr dauerhaft	> 25 Jahre	Teak, Afzelia
	1–2	sehr dauerhaft bis dauerhaft	≈ 25 Jahre	Robinie
2		dauerhaft	15–25 Jahre	Eiche, Azobé
	2–3	dauerhaft bis mäßig dauerhaft	≈ 15 Jahre	Agba
3		mäßig dauerhaft	10–15 Jahre	Douglasie*
	3–4	mäßig dauerhaft bis wenig dauerhaft	≈ 10 Jahre	Kiefer, Lärche
4		wenig dauerhaft	5–10 Jahre	Fichte, Tanne,
5		nicht dauerhaft	< 5 Jahre	Ahorn, Birke, Buche, Esche

* Herkunft Nordamerika, kultiviert in Europa: Klasse 3–4

9.4.4 Bewertung von Bauweisen unter Bezug auf den Anwendungsbereich

Jede Entscheidung für eine bestimmt Bauweise hängt von der erwarteten Belastungsfähigkeit ab. Tabelle 9.6 weist die Zusammenhänge für Verkehrsflächen auf. Wird später durch eine Veränderung der Nutzung, beispielsweise durch stärkeres Befahren von Fußwegen, die zugrunde gelegte Belastung erhöht, sind Schäden und ihre Folgen unvermeidlich. Unterlassene Unterhaltungsarbeiten verändern ebenfalls die Nutzungsmöglichkeiten und schränken sie ein oder führen zu Schäden. Eine qualitative Bewertung von Bauweisen für Verkehrsflächen enthält Tabelle 9.7.

Tab. 9.6 Bauweisen und Anwendungsbereiche von Verkehrsflächen (BMVBW Leitfaden Nachhaltiges Bauen, 2001)

Bauweise	Anwendungsbereich
Deckschichten ohne Bindemittel	
Holz- und Rindenbeläge	Schwach frequentierte Fußwege
Schotterrasen	Gelegentlich genutzte Parkflächen, Festplätze, wenig begangene Seiten- und Mittelstreifen
Ungebundene Decken	Fuß- und Radwege, wenig belastete (gelegentlich genutzte) Fahrwege, Festplätze, Parkflächen
Durchlässige Pflasterbeläge	
Rasengittersteine	Parkplätze, Garagen- und Feuerwehrzufahrten
Pflaster mit Porensteinen	Wohnstraßen, Plätze, Hofflächen, Schulhöfe, Parkplätze, Einfahrten, Fuß- und Radwege
Pflaster mit großen Fugen	Plätze, Wege, Höfe, Parkplätze
Teildurchlässige Pflaster- und Plattenbeläge	
Mittel- und Großpflaster	Wohnstraßen, Plätze, Hofflächen, Wege, Parkplätze
Beton- und Pflasterklinker	Wohnstraßen, Plätze, Hofflächen, Schulhöfe, Parkplätze, Einfahrten
Plattenbeläge	Wenig befahrene Wohnstraßen, Plätze, Hofflächen, Schulhöfe, Wege, Parkplätze, Einfahrten, Fuß- und Radwege
Deckschichten mit Bindemitteln	
Bituminöse Decken und Betondecken	Stark befahrene Straßen und Parkplätze, Hofflächen mit gewerblicher und industrieller Nutzung
Betondecken	Sonderparkflächen und -nutzung

9.4.5 Bewertung der Bepflanzungsplanung unter Bezug auf den Anwendungsbereich

Mit jeder Pflanzung werden ökologische und soziale Ziele der Nachhaltigkeit angesprochen und einer Verwirklichung näher gebracht, beispielsweise das Ziel biologischer Vielfalt.

Von großer Bedeutung sind auch die Photosynthese der Pflanzen und damit verbunden die Bindung des Treibhausgases CO_2, die Verdunstungskälte infolge der Transpiration der Pflanzen und die Staubbindung der Blattoberfläche. Je größer die Blattmasse, desto höher ist die ökologische Leistungsfähigkeit. Bäume haben also den größten Effekt, Rasenflächen einen niedrigen.

Eine Bewertung der Nachhaltigkeit einer Bepflanzung ist jedoch schwierig, denn es gibt keine einheitliche Definition für diesen Bereich. Sehr häufig wird darunter nur eine naturnahe Bepflanzung mit heimischen, nach Möglichkeit besonders gebietsheimischen Gehölzen (Wildgehölzen) verstanden. Dieser Gedanke ist in der freien Landschaft und zunehmend auch in öffent-

Tab. 9.7 Qualitative Bewertung von Bauweisen für Verkehrsflächen (BMVBW Leitfaden Nachhaltiges Bauen, 2001)

	Holz-/ Rinden-beläge	Schotter-rasen	Unge-bundene Decke	Rasen-gitter-steine	Pflaster mit Poren-steinen	Pflaster mit großen Fugen	Mittel-/ Groß-Pflaster	Beton-/ Klinker-Pflaster	Platten	Bitumi-nöse Decke	Beton-decke
Lärmemissionen (Oberfläche)	gering	gering	gering	mittel	hoch	hoch	mittel	mittel	mittel	mittel	mittel
Lebensraum (Pflanzen, Tiere)	hoch	mittel	gering	hoch	gering	gering	gering	gering	gering	–	–
Wasserdurchlässigkeit	hoch	hoch	mittel	hoch	mittel	mittel	gering	gering	gering	–	–
Wartungsaufwand	hoch	hoch	mittel	mittel	mittel	mittel	gering	gering	gering	gering	gering
Investitionskosten	gering	gering	gering	mittel	mittel	hoch (bei Beton-pflaster: mittel)	hoch	mittel	mittel	mittel	hoch
Aufwand für werterhaltenden Bauunterhalt	hoch	hoch	mittel	mittel	mittel	mittel	mittel	mittel	mittel	gering	gering
Aufwand für Rückbau	gering	gering	gering	mittel	mittel	mittel	mittel	mittel	mittel	hoch	hoch

lichen Freianlagen gut zu verwirklichen. In Hausgärten oder repräsentativen Freianlagen stellt sich die Frage aber anders. Hier sind unterschiedlichste Aspekte zu berücksichtigen:

- Kundenwunsch
- Ästhetik
- Standortbedingungen
- Pflanzenansprüche

Bei den Kundenwünschen und Ästhetik treffen die unterschiedlichsten Wünsche aufeinander. Dazu gehören:

- Architektonische formale Gestaltung, zum Beispiel mit Formgehölzen
- Landschaftliche Gestaltung mit Naturnähe, zum Beispiel als sogenannte „Naturgärten"
- Ländliche Gestaltung, zum Beispiel als Bauerngarten
- Pflegeleichte Gestaltung, zum Beispiel durch Verzicht auf Stauden
- Moderne Gartengestaltung im derzeitigen Trend, zum Beispiel Kies- und Schottergärten

Es ließen sich noch viele andere Kundenwünsche finden, weil jede Freianlage bezogen auf den Nutzer unterschiedlichste Ansprüche erfüllen soll. Erwartet wird in der Regel eine gestalterisch interessante, standortgerechte und pflegeextensive Pflanzung. Jeder Gartenstil und jeder Kundenanspruch hat dann auch seine spezielle typische Pflanzenauswahl. Wie ist unter dieser großen Spanne von Ansprüchen noch hohe Nachhaltigkeit auch in der Pflanzenverwendung zu verwirklichen?

Im Sinne einer nachhaltig bepflanzten Freianlage ist eine hohe Biodiversität anzustreben. Diese umfasst drei Bereiche (BMU 2009):

- Vielfalt des Ökosystems (dazu gehören Lebensgemeinschaften, Lebensräume, Landschaften und auch Gärten)
- Vielfalt der Arten
- Vielfalt innerhalb einer Art

Zu einer Lebensgemeinschaft gehören Pflanzen und Tiere. Je höher die Artenvielfalt ist, desto höher ist auch die Stabilität der Lebensgemeinschaft, des Ökosystems. Ein formaler Garten mit wenigen Formgehölzen leistet also einen sehr geringen Beitrag zur Nachhaltigkeit, er ist auch anfälliger für Krankheiten und bietet der Tierwelt wenig Nahrung und Unterschlupf. Ein Garten mit vielen fruchttragenden Gehölzen und Stauden leistet einen hohen Beitrag, denn die Tierwelt findet ein hohes Futterangebot, Nistmöglichkeiten, Unterschlupf und mit seiner Blütenfülle erfreut er auch seinen Besitzer.

Bei der Artenwahl ist die Verwendung von Zuchtsorten nicht generell eine negative Entscheidung, denn manche Sorten sind in ihrem Gartenwert gleichwertig oder sogar besser als die ursprünglichen Wildformen. Sie sind in der Regel blühwilliger, bieten auch gleiche Mengen an Nektar und sind gesünder. Sie bilden eine ökologisch wertvolle, ästhetisch ansprechende Ergänzung und Bereicherung. Sorten können aber auch – beispielsweise bei gefüllten Formen – einen wesentlich geringeren oder gar keinen Wert mehr für Tiere haben. Die Verwendung von Sorten setzt also hohe Fachkunde voraus. Auch die Verwendung nichtheimischer Gehölze spricht nicht gegen eine Nachhaltigkeit, denn der biologische Beitrag für das Gesamtökosystem kann ebenso hoch sein wie bei heimischen Gehölzen.

Die Bewertung der Nachhaltigkeit der Bepflanzung einer Freianlage hängt also von vielen verschiedenen Faktoren ab und ist deshalb in der Regel subjektiv.

9.5 Entscheidungsweg

Entscheidungen müssen, wenn der Umwelt wirklich gedient werden soll, transparent sein. Deshalb empfiehlt es sich immer, nach einem bestimmten Rhythmus zu verfahren. Vorgestellt wird hier ein Formblatt, das als Excel-Formblatt in dieser oder abgewandelter Form angewendet werden kann.

Bei diesem Verfahren werden der vorgesehene Baustoff, das spezielle Bauwerk oder die vegetationstechnische Maßnahme benannt – im Beispiel nach Tabelle 9.8 (Excel) eine Treppe in der Landschaft aus imprägniertem Kiefernholz und wassergebundenem Auftritt. Dann listet der Planer alle Bewertungskriterien auf, die für seine Entscheidung in diesem speziellen Fall wichtig sind. In diesem Falle sind es:

- Sicherheit für Benutzer
- Unterhaltungsaufwand
- Nachwachsender Rohstoff
- Lebensdauer
- Herstellkosten
- Einpassung in die Landschaft
- Umweltbelastung
- Kurzer Transportweg
- Auswirkung auf Flora und Fauna

Als nächstes legt er fest, welche Bedeutung das jeweilige Kriterium hat, ob es also eine geringe oder hohe Bedeutung für dieses Projekt hat. Das kann je nach Aufgabe und Anforderung durch den Bauherrn sehr unterschiedlich sein. Im nächsten Schritt wird dieses Kriterium dann bewertet, ob also beispielsweise die Sicherheit für Benutzer sehr gut, mittel oder schlecht ist. Dafür werden die Schulnoten 1 bis 5 vergeben. Die gegebenen Noten für Wichtung und Bewertung werden dann multipliziert (Spalte d).

So wird mit allen weiteren Kriterien verfahren. Anschließend wird die Summe für die Bewertung (Spalte d) durch die Summe der Wichtung (Spalte b) geteilt. Das Ergebnis ist eine Schulnote, in diesem Falle 3,10 – befriedigend.

In einer Schlussbewertung werden die Vor- und Nachteile aufgelistet und eine Entscheidung für das weitere Verfahren getroffen.

In diesen Entscheidungsprozess, der bei der derzeitigen Datenlage auf der persönlichen Einschätzung beruht, werden weitere Bauweisen einbezogen, sodass sich die Bauweise herausschält, die unter Abwägung der verschiedensten Faktoren die annehmbarste für diesen konkreten Fall ist. Dabei muss dem Auftraggeber deutlich werden, dass mit jeder Bauweise umweltrelevante Kompromisse eingegangen werden müssen. Da der Entscheidungsweg mit Abwägen aller Varianten aber nachvollziehbar ist, wird es später keine Differenzen geben.

Tab. 9.8 Bewertung Baustoffe/Bauweisen

Bauvorhaben			
Bauwerk/Bauweise	Treppe aus Kiefernholz, imprägniert, in der Landschaft, Auftritt wassergebunden		
Baustoffe	Imprägniertes Kiefernholz, Kiese, bindige Sande		
Kriterien	**Wichtung** 1 = geringe Bedeutung 3 = hohe Bedeutung	**Bewertung**	
a	b	c	d (b × c)
Sicherheit für Benutzer			
1 = sehr gut, 5 = sehr schlecht	3	4	12
Unterhaltungsaufwand			
1 = sehr gering, 5 = sehr hoch	3	5	15
Nachwachsender Rohstoff			
1 = nachwachsend, 5 = nicht nachwachsend	2	1	2
Lebensdauer			
1 = sehr gut, 5 = sehr schlecht	3	5	15
Herstellkosten			
1 = sehr gering, 5 = sehr hoch	2	3	6
Einpassung in die Landschaft			
1 = sehr gut, 5 = sehr gering	1	5	5
Umweltbelastung			
1 = sehr gering, 5 = sehr hoch	3	1	3
Transportweg			
1 = sehr kurz; 5 = sehr weit	2	1	2
Auswirkung auf Flora und Fauna			
1 = sehr positiv, 5 = sehr negativ	1	2	2
Summen	20		62
Bewertungsnote (Summe d : Summe b)			3,10
Bewertung insgesamt			
Vorteile	Umweltrelevante Bauweise, geringe Baukosten		
Nachteile	Geringe Lebensdauer, hoher Unterhaltungsaufwand, unsicher		
Entscheidung	Bauweise für Anwendungszweck weniger geeignet, weitere Bauweisen werten		
Datum:	**Sachbearbeiter/in:**		

Diese Art des Vorgehens kann als Beispiel für ingenieurmäßiges Arbeiten bei allen technischen und vegetationstechnischen Aufgaben angewandt werden.

9.6 Grundlagenermittlung

9.6.1 Kundenvorgespräch

Jede Planung setzt eine sorgfältige Datenerhebung voraus, denn der Planer trägt die volle Verantwortung (Haftung nach BGB) für das Gelingen des Werkes. Deshalb ist eine besondere Sorgfalt bei der Ermittlung der Grundlagen für die Planung und die anschließenden Realisierungsphasen erforderlich. Für reine Planer (Landschaftsarchitekten) bilden die Leistungsphasen der HOAI die Richtschnur. Das sind generell:

- Grundlagenermittlung
- Vorplanung
- Entwurfsplanung
- Ausführungsplanung
- Vorbereitung der Vergabe
- Mitwirkung bei der Vergabe
- Objektüberwachung
- Objektbetreuung und Dokumentation

Für den planenden Landschaftsbauunternehmer bildet den Einstieg immer ein Vorgespräch mit dem Kunden. Das Formular nach Tabelle 9.9 für ein solches Kundenvorgespräch ist als Hilfe für ein systematisches Vorgehen gedacht. Neben der grundlegenden Information über Wünsche und Vorstellungen des Kunden ist es auch wichtig zu erfahren, welches Budget dem Kunden zur Verfügung steht und welche Voraussetzungen für die spätere Unterhaltung bestehen, damit die Planung nicht auf utopischen Vorstellungen beruht. Für gewerbliche oder öffentliche Kunden ergibt sich natürlich eine andere Fragestellung, die Vorgehensweise ist aber identisch.

Tab. 9.9 Kundenvorgespräch

Auftraggeber		Zuständiger Ansprechpartner (Tel.)					
Teilnehmer Bauherr		**Teilnehmer Unternehmen**					
Projektnummer/Objektnummer		**Zuständiger im Unternehmen**					
Allgemeine Informationen	**Vorhanden**			**Wunsch/ Wertigkeit 1 = hoch, 3 = gering**			**Anmerkung**
	Ja	**Nein**		**1**	**2**	**3**	
Kinder							
Tiere							
Sitzplatz – Schatten							
Sitzplatz – Sonne							
Windschutz							
Sichtschutz							
Lärmschutz							
Hochbeete							
Entwässerung							
Verrieselung							
Regenwassertank							
Brennholzlagerplatz							
Mülltonnenplatz							
Behindertengerechtigkeit							
Gemüse/Kräuter							
Obst							
Bepflanzung							
Rasen							
Licht							
Stellplatz							
Wegebefestigung							
Pflaster hochwertig/aufwendig							
Pflaster einfach/praktisch							
Platten hochwertig/aufwendig							
Platten einfach/praktisch							
Fugenbild hochwertig/aufwendig							
Fugenbild einfach/praktisch							
Wasserdurchlässigkeit/offenporig							
Wasser							
Teich							
Wasserlauf							

Seite 1 von x

Tab. 9.9 Kundenvorgespräch (Fortsetzung)							Seite 1 von x
Schwimmteich							
Blickachsen (generelle Einstellung)							
Freier Blick							
Abschirmung							
Stufung							
Pflegebereitschaft – Einschätzung	Kunde			Eigene			
	1	2	3	1	2	3	
Rasen							
Gehölze							
Stauden							
Befestigte Flächen							
Pflanzliche Vorlieben							
Bäume							
Hoch							
Mittel							
Niedrig							
Gehölze							
Sommergrün							
Immergrün							
Gemischt							
Blüte							
Blatt/Holz							
Stauden							
Blüte							
Duft							
Blatt							
Rosen							
Edelrosen							
Polyantharosen							
Bodendecker							
Hecken							
Freiwachsend							
Geschnitten sommergrün							
Geschnitten immergrün							
Formgehölze							

Tab. 9.9 Kundenvorgespräch (Fortsetzung) | **Seite 1 von x**

Besonderheiten						
Sicherheitsbedürfnis						
Ordnungsbedürfnis						
Sauberkeit beim Bauen						
Empfindliche Nachbarn						
Mitarbeit						
Aufbauende Bauabschnitte						

Bestand	Aktivitäten Anzahl Stück/m/m²/m³			Bemerkung
	Schützen	Bearbeiten	Roden/Entfernen	
Bäume				
Einzelgehölze				
Sträucher				
Stauden				
Rosen				
Hecken				
Platten				
Pflaster				
Zaun				
Mauer				
Treppe				
Teich				
Wasserlauf				

Zusammenarbeit mit Handwerkern	
Elektriker	
Sanitär	
Dachdecker	
Mauerer	

Termine	
Plan und Angebot	
Ausführungsbeginn	
Ausführungsende	
Abstimmungstermine mit Handwerkern	
Datum:	Unterschrift

Preisvorstellungen des Kunden	
Kundenaussage	
Eigene Einschätzung	

9.6.2 Bestandserfassung

Als Basis für den Gestaltungsplan und das Angebot muss der Geländebestand erfasst werden. Diese Bestandserfassung muss sehr sorgfältig erfolgen, weil zusätzliche Leistungen, die sich aus fehlerhafter Bestandserfassung ergeben, nicht vergütungspflichtig sind. Gleiches gilt für Planänderungen und daraus resultierende Mehrleistungen.

Das Formular „Bestandserfassung" (Tab. 9.10) ist ein Leitfaden für die notwendigen Feststellungen vor Ort. Es ist sinnvoll, das Gelände zu fotografieren und die Standorte und Richtungen der Aufnahmen im Grundplan zu vermerken.

Tab. 9.10 Bestandserfassung | | Seite 1 von x

Auftraggeber Projektnummer	Zuständiger im eigenen Unternehmen	
Erfassungsbereich	Ja	Anmerkungen
Bearbeitungsbereich		
Garageneinfahrt		
Vorgarten		
Wohngarten		
Gesamtgarten		
Grenzbestand (z. B. Zaun, Hecke)		
Nordgrenze		
Ostgrenze		
Südgrenze		
Westgrenze		
Grenzsteine		
Freilegen		
Bodenverhältnisse		
Zeigerpflanzen (Verdichtung, Staunässe, Überdüngung, Trockenheit etc.)		
Sichtbare Verdichtungen		
Schutt und Unrat von Handwerkern		
Oberbodenmenge unzureichend		
Ungeordnete Oberbodenlagerung		
Oberboden verkrautet, insbesondere Dauerunkräuter		
Beschaffenheit des Oberbodens		
Organisch		
Nichtbindig		

Tab. 9.10 Bestandserfassung (Fortsetzung) | | **Seite 1 von x**

Schwachbindig		
Bindig		
Starkbindig		
Steinig		
Beschaffenheit des Unterbodens		
Organisch		
Nichtbindig		
Schwachbindig		
Bindig		
Starkbindig		
Steinig		
Vorhandener Bewuchs		
Bäume		
Sträucher		
Stauden		
Hecken		
Rasen		
Schäden an Bewuchs		
Bäume		
Sträucher		
Stauden		
Hecken		
Rasen		
Überalterter Bewuchs		
Bäume		
Sträucher		
Stauden		
Hecken		
Rasen		
Vorhandene Baulichkeiten		
Treppen		
Mauern		
Zäune		
Sichtschutz		
Schuppen		

Tab. 9.10 Bestandserfassung (Fortsetzung) | **Seite 1 von x**

Wege		
Schäden an Baulichkeiten		
Wasseranlagen		
Teich		
Wasserlauf		
Brunnen		
Sonstige Wasseranlage		
Transportmöglichkeiten im Gelände		
Einschränkungen		
Lagerungsmöglichkeiten		
Einschränkungen		
Nachbargrundstücke		
Besondere Maßnahmen berücksichtigen		
Schäden		
Anschlüsse		
Vorfluter		
Anschluss im Gelände, z. B. Kontroll-schacht	☐ Nein ☐ Ja	
Ablauf im Gelände (Art und Anzahl)	☐ Nein ☐ Ja	
Sonstige Vorflut	☐ Nein ☐ Ja	
Fließrichtung, Tiefe, Art		
Stromanschluss		
Am Haus	☐ Nein ☐ Ja	
Im Gelände	☐ Nein ☐ Ja	
Wasseranschluss		
Am Haus	☐ Nein ☐ Ja	
Im Gelände	☐ Nein ☐ Ja	
Ausrichtung des Grundstückes		
Vorgarten	N, O, S, W	
Wohngarten	N, O, S, W	
Gefälle des Grundstückes		
Abfallend (geschätzte Prozent)	%	
Steigend (geschätzte Prozent)	%	

Der Leitfaden kann nicht alle möglichen Situationen erfassen. Deshalb ist über die vorliegenden Fragen hinaus zu beobachten, was noch von Bedeutung für Planung und Angebot sein kann.

Hilfreich in der Vorbereitung der Bestandserfassung ist die Checkliste „Bestandserfassung – Arbeitsmittel" (Tab. 9.11). Da die Projekte in der Regel nicht in der Nähe des Betriebes liegen, wirkt sich das Fehlen von Arbeitsmitteln sehr negativ aus.

Tab. 9.11 Bestandserfassung – Arbeitsmittel

Auftraggeber Projektnummer		Zuständiger im eigenen Unternehmen	
Organisation	Ja		Ja
Anschrift		Linienseite	
Anfahrtshinweis		Schreiber	
Lageplan		Fotoapparat	
Vordruck Bestandserfassung		Kompass	
Schreibmappe		Warnwesten	
Boden			
Spaten		Schlagsonde groß	
Handspaten		Bohrstock	
Schlagsonde klein		Gummihandschuhe	
Pflanzen			
Vordrucke		Leiter	
Baumhöhenmesser		Fäustel	
Holzhammer		Behälter für Pflanzenteile	
Rosenschere		Lupe	
Hippe			
Vermessung			
0,6-Meter-Wasserwaage		Doppelpentagon	
1-Meter-Wasserwaage		Stativ	
2 Rollen Schnüre		Nivelliergerät	
2 Zollstöcke		Lot	
2-Meter-Messlatte		Lattenrichter	
4-Meter-Messlatte		Digitaler Gefällemesser	
4 Markierstäbe		Richtscheit	
Messrad		Regenzeug	
2 Bandmaße		Gummistiefel	
3 Fluchtstäbe		Pflasterstein	

Es ist immer sinnvoll, dem Auftraggeber das Ergebnis der Bestandserfassung mitzuteilen. Zum einen kann der Auftraggeber aus Kenntnis der Verhältnisse noch weitere Informationen beisteuern, zum anderen können sich zwischen dem Zeitpunkt der Bestanderfassung und der Aufnahme der Bauleistungen Veränderungen ergeben, die Zusatzleistungen erfordern. Der fotografischen Erfassung kommt daher eine besondere Bedeutung zu.

9.7 Bewertungssystem für nachhaltige Sportfreianlagen – Praxisbeispiel

Die nachstehenden Ausführungen sollen einen Einblick geben in ein sehr komplexes Bewertungssystem. Dabei ist zu berücksichtigen, dass es sich um ein noch laufendes Forschungsprojekt handelt.

Weltweit gibt es verschiedene Systeme zur Bewertung der Nachhaltigkeit von Gebäuden. Systeme wie LEED, BEEAM oder das deutsche DGNB-System sowie das Bewertungssystem Nachhaltiges Bauen (BNB) des Bundes übernehmen die Aufgabe der Nachhaltigkeitszertifizierung von Gebäuden. Gebäude mit einem Nachhaltigkeitszertifikat werden von Investoren höher bewertet als solche, die einfach nur die Bauvorschriften einhalten. In der Regel erhalten Gebäude, die die Bauvorschriften einhalten, mindestens das Zertifikat Bronze. Für Freianlagen gibt es in den USA den Ansatz „SITES" zur Bewertung. Dieser ist jedoch für Sportfreianlagen nicht anwendbar, da er eher auf die flächenmäßig großen Freiflächen der USA ausgelegt ist. In Deutschland hat die Bundesregierung das BNB-System auch für Freianlagen erstellt. Dieses wird zurzeit bei der Forschungsgesellschaft Landschaftsentwicklung Landschaftsbau e. V. (FLL) erweitert.

Hier wird nun beispielhaft die Entwicklung eines Bewertungssystems für Sportfreianlagen vorgestellt. Besonderheiten liegen darin, dass in der Regel kommunale Betreiber Sportfreianlagen für Vereine und Individualsportler errichten, also nicht selbst Nutzer sind. Zudem werden andere Baustoffe und Bauweisen im Vergleich zum übrigen Landschaftsbau eingesetzt. Ferner zeigen die Nutzer von Sportanlagen ein geändertes Nutzerverhalten. Insbesondere der Gesundheits- und Freizeitsport ist deutlich in der Beliebtheit gestiegen. Hingegen sind andere Sportarten wie Tennis nicht mehr in der Intensität nachgefragt wie vor einigen Jahren noch (WETTERICH et al. 2009).

Da Nachhaltigkeit durch die drei Säulen – Ökonomie, Ökologie und Soziales – bereits ein umfassendes Themengebiet aufspannt, ist es wichtig, zunächst die Systemgrenzen des Betrachtungsobjekts zu klären. Sportfreianlagen sind unter anderem durch die DIN 18035 Teil 1 beschrieben. Demnach gehören zu einer Sportfreianlage:
- Sportfläche einschließlich Sicherheitszone
- Ergänzungsflächen
- Sportgeräte und andere Auf- und Einbauten

Sportgelegenheiten in Bewegungsräumen (KÄHLER 2015) sind in den städtischen Freiraum eingegliedert und vielfältig denkbar. Sie entwickeln sich insbesondere durch Trends.

Nachhaltigkeit hat einen Schwerpunkt zunächst bei der Dauerhaftigkeit und der Langfristigkeit. Darüber hinaus hat ein Bewertungssystem, das sowohl Umweltgesichtspunkte als auch soziale und wirtschaftliche Gesichtspunkte berücksichtigt, systemimmanent die Schwierigkeit zu lösen, dass beispielsweise sehr ökologische Punkte hohe Kosten verursachen oder die sozial-funktionale Qualität einschränken können. Dieser Konflikt ist von einem speziell ausgebildeten Auditor im Rahmen der Bewertung zu lösen. Um zunächst Klarheit in der Systemgrenze zu setzen, ist deshalb bei Sportfreianlagen eine Beschränkung in Anlehnung an die DIN 18035 Teil 1 sinnvoll.

9.7.1 Die Bewertung

Das Ziel der Bewertung liegt in der Erreichung eines Zertifikats. Beim BNB wird je nach Erfüllungsgrad in Prozent bezogen auf das Gesamtsystem ein Zertifikat in der Qualitätsstufe Gold, Silber oder Bronze erreicht. Zum Erreichen der Qualitätsstufe Bronze sind mindestens 50 % der möglichen Punkte zu erzielen. Für die Qualitätsstufe Silber sind es bereits 65 % und für Gold mindestens 80 %.

Die drei Säulen Ökologie, Ökonomie und Soziales werden bei der Qualitätsbewertung für nachhaltige Sportfreianlagen mit je 20 % gewichtet. Das entspricht der Forderung des Rates für nachhaltige Entwicklung. Demnach sind „Umweltgesichtspunkte gleichberechtigt mit sozialen und wirtschaftlichen Gesichtspunkten zu berücksichtigen. [...] Das eine ist ohne das andere nicht zu haben" (ebd.). Zudem haben die Querschnittsaufgaben des Bewertungssystems nachhaltige Sportfreianlagen – Technik, Prozess und Standort – (s. S. 105 ff.) einen Einfluss auf die drei Säulen und auf die langfristige Nutzung und Dauerhaftigkeit. Insgesamt können mit der Qualität Technik und Prozesse je 15 % und mit dem Standort maximal 10 % der möglichen Punkte erreicht werden (s. Abb. 9.4).

9.7.2 Aufbau der Bewertungssystematik

Für die verschiedenen Kriterien wurden „Steckbriefe" entwickelt. Vergleichbar mit einer Nutzwertanalyse werden diese Kriteriensteckbriefe mit einem sogenannten Bedeutungsfaktor zwischen 1 und 3 gewichtet. Dies ist notwendig, um Divergenzen in der Bewertung zu vermindern. So ist beispielsweise die Erreichbarkeit einer Sportfreianlage mit dem ÖPNV mit 1 gewichtet. Hingegen sind die Lebenszykluskosten als Kriterium für den gesamten Lebenszyklus, die nach Fertigstellung der Sportanlage nur noch bedingt änderbar sind, mit 3 gewichtet (Abb. 9.4).

Neben der Bedeutungszahl ist bei jedem Kriterium die relevante Lebensphase angegeben. Diese beschreibt, wann das Kriterium wirkt. Es ist also nicht der Zeitpunkt der Bewertung, sondern der Zeitraum der Wirkung beschrieben. Daneben gibt es andere, die nur während der Errichtung, der Nutzung oder beim Rückbau wirken. Beispiele hierfür sind insbesondere in der Prozessqualität zu finden. Die Kriterien der Hauptgruppe „Qualität der Planung" beziehen sich auf die Planung und Errichtung einer Sportfreianla-

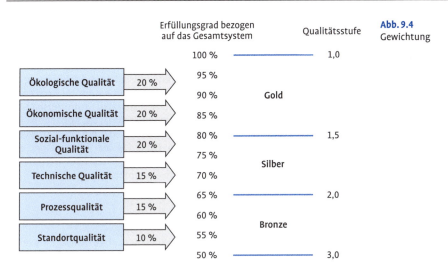

Abb. 9.4 Gewichtung

ge. Die Kriterien der Hauptgruppe „Qualität der Bewirtschaftung" haben den Schwerpunkt Nutzung. Wie der Titel des Kriteriums „Rückbau, Trennung und Verwertung" bereits verrät, liegt hier eine Bewertung der Rückbaufähigkeit in Hinblick auf die Trennung und Verwertung der Baustoffe vor.

Ergänzend wird auch der Zeitraum der Nachweisführung angegeben. Insgesamt wird zwischen fünf Zeiträumen der Nachweisführung unterschieden. Diese sind:

- Projektentwicklung, zum Beispiel das Kriterium „Bestandsaufnahme und Projektvorbereitung"
- Planung, zum Beispiel das Kriterium „Integrative Planung und Variantenvergleiche"
- Ausschreibung und Vergabe, zum Beispiel das Kriterium „Qualität der Planung"
- Errichtung, zum Beispiel das Kriterium „Baustelle/Bauprozess"
- Übergabe und Nutzung, zum Beispiel das Kriterium „Umnutzungsfähigkeit"

Ferner ist zu definieren, wer für die Erstellung der Nachweise verantwortlich ist. In der Regel berät ein Auditor bei der Erstellung der Zertifikate. Damit dieser die Zertifizierung durchführen kann, benötigt er jedoch von unterschiedlichen Quellen Informationen. Diese kann er entweder direkt von den Bauherren oder vom Planer beziehungsweise Fachplaner erhalten. Andere, wie eine Ökobilanz, können nur sogenannte Externe liefern.

Ein weiterer Punkt der Kriteriensteckbriefe ist die Bewertungssystematik. Für jedes Kriterium gibt es einen Grenz-, Referenz- und einen Zielwert. Der Zielwert ist die maximale Bewertung und entspricht 100 Punkten in diesem Kriterium. Der Referenzwert, der als Mindeststandard anzusehen ist, liegt bei 50 Punkten und der Grenzwert, der für jedes Kriterium mindestens nachzuweisen ist, liegt bei 10 Punkten.

Erreicht werden kann der Grenz-, Referenz- und Zielwert, das sogenannte Anforderungsniveau, mittels Berechnungsvorschriften. Diese ergeben sich entweder aus einer linearen Bewertung, aus Handlungsstufen oder aus einer Checkliste. Bei der linearen Bewertung gibt es quantifizierbare Formeln, bei denen mittels Interpolation die Ergebnisse in ein Anforderungsniveau umgerechnet werden. Handlungsstufen werden häufig bei Konzepten angewendet. Hier sind verschiedene Szenarien denkbar, zum Beispiel ein Konzept wurde umfassend entwickelt (volle Punktzahl), ein Konzept ist nur in seinen Grundzügen entwickelt (halbe Punktzahl) oder ein Konzept wurde überhaupt nicht entwickelt (keine Punkte). Bei einer Checkliste werden einzelne Punkte abgefragt. Die erreichten Punkte der Checkliste werden addiert und wiederum in ein Anforderungsniveau umgerechnet.

9.7.3 Aufbau der Kriteriensteckbriefe

Die Kriteriensteckbriefe haben einen einheitlichen Aufbau. Am Anfang eines jeden Kriteriensteckbriefs werden zunächst der Inhalt und die Zielsetzung kurz beschrieben. Aufbauend erfolgt eine Beschreibung des Kriteriums. Bei der Beschreibung der Bewertungsmethode wird definiert, ob es sich um eine lineare Bewertung, um Handlungsstufen oder um eine Checkliste handelt und wie die Bewertung vorzunehmen ist.

Einige Kriteriensteckbriefe sind in der Basis aus Regelwerken, Fachinformationen und Anwendungshilfen entstanden und über deren Standard entwickelt. Diese Regelwerke, Fachinformationen und Anwendungshinweise sind als Quelle angegeben, sodass der Auditor oder ein anderer interessierter Leser die Möglichkeit erhält, sich darüber hinaus zu informieren.

Da die Kriteriensteckbriefe einer Nachhaltigkeitsbewertung immer auch im Konflikt zueinander stehen können, sind auch die Wechselwirkungen zu einander anzugeben. Diese können positiv, neutral oder auch negativ ausfallen. Diese Zusammenhänge lassen sich gut tabellarisch darstellen. Zwei Kriterien, die sich gegenseitig positiv stärken, erhalten ein „+“. Kriterien, die in gegenseitiger Konkurrenz stehen, ein „–“ und Kriterien, die keinen Einfluss aufeinander haben, eine „0“. Hierbei ist es möglich, dass ein Kriterium einen positiven Einfluss auf ein anderes Kriterium hat, das andere Kriterium jedoch nur einen neutralen Einfluss auf das erste (vgl. Tab. 9.12 Kriterium 1.1 und 3.2 oder 2.1 und 3.1).

Tab. 9.12 Wechselwirkungen zwischen Kriterien

Kriterium	1.1	1.2	2.1	2.2	3.1	3.2
1.1		+	–	–	0	+
1.2	+		0	0	+	–
2.1	–	0		+	+	0
2.2	–	0	+		+	0
3.1	0	+	0	+		–
3.2	0	–	0	0	–	

Abschließend werden, soweit notwendig, noch Angaben zur Bewertung, zu erforderlichen Unterlagen und zu Hinweisen gegeben.

9.7.4 Beschreibung der Kriteriensteckbriefe

Kriteriensteckbriefe zur Ökologie

Vegetation hat eine entscheidende Wirkung auf die Umwelt. Diese positiven Eigenschaften wie Temperaturausgleich, Beschattung, Veränderung des Windfeldes, Staubbildung, Sauerstoffproduktion und Kohlenstoffprodukti-on sind weitläufig bekannt. Jedoch hat Vegetation an Sportfreianlagen nicht nur positive Eigenschaften. Wurzeln können Laufbahnen anheben und so-mit für den Nutzer unbrauchbar machen. Laub muss von sämtlichen Sport-flächen entfernt werden, da es diese schädigt und somit der Dauerhaftigkeit und Langfristigkeit widerspricht. Ebenso ist auch eine Begrünung von Ball-fangzäunen kritisch zu sehen, wenn kein entsprechender Statiknachweis vorliegt. Aufgabe der ökologischen Kriteriensteckbriefe ist es, die positiven Eigenschaften von Vegetation zu stärken, ohne dass die negativen Eigen-schaften wirken können.

Auch die biologische Vielfalt und Vernetzung ist zu berücksichtigen. Sportfreianlagen haben einen großen Flächenverbrauch und können zu-gleich, insbesondere in den Nebenflächen, auch wertvolle Naturräume dar-stellen. Das Projekt Sportplatzdschungel (www.sportplatzdschungel.de) hat dieses Potenzial von Sportfreianlagen herausgearbeitet.

Die Kriterien zur Ressourceninanspruchnahme bewerten unter anderem den Wasserbedarf in Kombination zum Niederschlagswasser und Abwasser. Das Ziel liegt in der Reduzierung der Trinkwassernutzung bei gleichzeitig Nutzung von Niederschlags- und Grauwasser für die Bewässerung. Konzep-te zur weitgehend autarken Be- und Entwässerung von Sportfreianlagen sind zu entwickeln. In diesen Konzepten ist zudem die Bewässerungstechnik inklusive der Bewässerungsintervalle je Sportbelag zu berücksichtigen. Wei-tere Ressourcen sind die Inanspruchnahme von Böden, die Bodenbilanz, der Energieverbrauch und das Abfallmanagement.

Kriteriensteckbriefe zur ökonomischen Qualität

Bei der ökonomischen Qualität werden neben den Lebenszykluskosten auch die Untersuchung von Finanzierungsoptionen und die Erstellung eines Kos-ten- und Finanzplans bewertet. Darüber hinaus ist zu untersuchen, ob Be-wirtschaftungs- und Betreibermodelle aufgestellt sind oder innovative Ideen erarbeitet werden.

ZEHRER und SASSE (2005) erklären, dass die Investitionskosten von Ge-bäuden nur circa 15 % der Lebenszykluskosten ausmachen (Abb. 9.5). Zu-dem verdeutlicht Abbildung 9.5 unten, dass die Einflussnahme auf die Kos-ten je Lebenszyklusphase deutlich abnimmt. Einen umgekehrten Verlauf ha-ben die kumulierten Gesamtkosten. Stehen verschiedene Lebenszyklusmo-delle zur Auswahl, sollte im Sinne von optimierten Lebenszykluskosten die Variante gewählt werden, die die geringsten Lebenszykluskosten hat (vgl. Variante 2). In der Regel sind die Investitionskosten hierbei etwas höher, dies amortisiert sich jedoch durch geringere Betriebs- und Unterhaltungskosten (THIEME-HACK 2011).

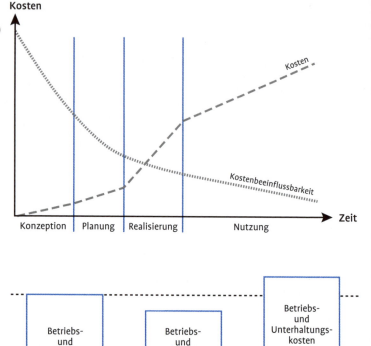

Abb. 9.5 Lebenszykluskosten (nach THIEME-HACK 2011)

Kriteriensteckbriefe zur sozial-funktionalen Qualität

WETTERICH et al. (2009) untersuchten die Grundlagen zur Weiterentwicklung von Sportanlagen. Dabei haben 69 % der Befragten der Aussage zugestimmt: „Die Sportanlagen in unserer Stadt sollten um Sportmöglichkeiten für den nicht im Verein organisierten Freizeitsport ergänzt werden" (eds.). Dies zeigt, dass die Ergänzung der Sportangebote ebenso wie eine Öffnung der Sportfreianlage für den Nichtvereinssport wichtig ist.

Zugleich sollte die Attraktivität einer Sportfreianlage langfristig gesteigert werden. Hierfür ist es wichtig, die Aufenthaltsqualität dadurch zu fördern, dass die Anlage für die Öffentlichkeit zugänglich gemacht wird und beispielsweise ein Konzept zur Vandalismusprävention erarbeitet wird, das auch die subjektive Sicherheit der Nutzer beachtet.

Ebenso spielt die Umnutzungs- und Anpassungsfähigkeit an aktuelle Trends und Nutzerbedürfnisse eine wichtige Rolle. OTT (2010) erklärt, dass die Nutzer „veränderte Vorstellungen, Wünsche und Bedürfnisse an eine bedarfsgerechte Ausgestaltung von Sportanlagen" haben. Um diesen sich ändernden Vorstellungen, Wünschen und Bedürfnissen gerecht zu werden, muss eine Sportfreianlage Flächen zur multifunktionalen Nutzung anbieten. Alternativ können die Flächen so gestaltet sein, dass ein Umbau mit geringen Kosten und Zeitaufwand möglich ist.

Kriteriensteckbriefe zur technischen Qualität

Die Auswahl von nachhaltigen Stoffen und Bauweisen hat einen entscheidenden Einfluss auf die gesamte Sportfreianlage. Aus diesem Grund ist eine Auswahl zu treffen nach (FLL 2014):

* Geforderter Nutzungsdauer
* Nutzungsintensität
* Sportfunktion
* Schutzfunktion
* Technischer Funktion

Des Weiteren ist die Pflege und Instandhaltung zu bewerten. Hier werden in Anlehnung an die DIN 31051 „Grundlagen der Instandhaltung" Maßnahmen zur Bewahrung/Erhaltung und Wiederherstellung des Sollzustandes/ der Funktionsfähigkeit sowie zur Feststellung der Beurteilung des Ist-Zustandes der Sportfläche und der dazugehörigen technischen Einrichtung verstanden. Diese Maßnahmen ergeben sich aus:

* Inspektion
* Wartung
* Instandsetzung
* Verbesserung

Auch Leistungen für Vegetationsflächen ordnen sich nunmehr dieser Systematik unter und werden als „Instandhaltungsleistungen für die Entwicklung und Unterhaltung von Vegetation" bezeichnet (vgl. DIN 18919, Entwurf 2016).

Abschließend ist bei der Widerstandfähigkeit entsprechend der vorgesehenen Nutzung ein umfassendes Konzept gefordert, das – in Verbindung mit der Vandalismusprävention und den nachhaltigen Stoffen und Bauweisen – die Lebensdauer entsprechend der vorhergesehenen Nutzung auf Grundlage der Benutzung, dem Umfang der Instandhaltung, dem zu erwartenden Vandalismus sowie der Witterung und gegebenenfalls Naturgefahren berücksichtigt.

Kriteriensteckbriefe zur Prozessqualität

Um langfristig eine Sportfreianlage bewirtschaften zu können, sind vor der Planung eine Bestandsaufnahme und eine Projektvorbereitung durchzuführen. Hierbei werden Analysen zum aktuellen Sportverhalten, zu den Sportanlagennutzern und deren Wünschen sowie zum Bestand der Sportfreianlagen durchgeführt. Daraus wird der Bedarf an Sportfreianlagen ermittelt und Maßnahmen entwickelt.

Nachdem der Bedarf ermittelt wurde, ist es zu Beginn der Planung wichtig, die Nutzer mit zu integrieren. Ferner sollten für mögliche Varianten bereits Pre-Nachhaltigkeitsbewertungen durchgeführt werden. Wenn sich die Beteiligten auf eine Variante einigen, sind aufbauend Nachhaltigkeitskonzepte zur Ressourcenschonung zu erstellen. Diese betreffen die Ressourcen Boden, Wasser, Energie und Abfall und haben somit einen direkten Einfluss auf die Ressourceninanspruchnahme der ökologischen Qualität. Anschließend ist auch die Objektplanung sowie Ausschreibung und Vergabe hinsichtlich der Integration von Nachhaltigkeitsaspekten zu bewerten.

Die Baustelle und der Bauprozess haben einen entscheidenden Einfluss auf die Umwelt und das Umfeld. Ziel im Sinne der Nachhaltigkeitsbewertung ist es, diese Einflüsse zu verhindern beziehungsweise, wenn ein Verhindern nicht möglich ist, zu vermindern. Vorgaben ergeben sich aus der abfallarmen Baustelle, der lärmarmen Baustelle und aus dem Boden- und Baumschutz auf der Baustelle. Ergänzend sind Qualitätskontrollen zur Qualitätssicherung der Bauausführung durchzuführen. Diese sind mit einer gewichteten Checkliste zu bewerten.

Grundlegend für eine dauerhaft optimierte Bewirtschaftung ist die Erstellung eines Pflegehandbuches, das nach geplanter Nutzungsdauer Angaben zu folgenden Punkten enthält (THIEME-HACK 2011):

- Beschreibung der Sportfreianlage
- Gestaltungsabsicht und -ziel
- Verwendete Stoffe und Bauweisen mit Angaben der Bezugsquellen
- Technische Unterlagen mit Bedienungs- und Instandhaltungsanleitungen
- Vorgesehene Sportentwicklung
- Regelmäßige und besondere Dienstleistungen
- Ausführungsanweisungen
- Zeichnerische Darstellungen

Des Weiteren ist die Erstellung eines Konzeptes zur Verkehrssicherheit für die Qualität der Bewirtschaftung wichtig, da der Betreiber der Sportanlage seinen Betreiberpflichten nachkommt. Darüber hinaus erhält der Nutzer die Sicherheit, dass er seinem Sport nachgehen kann, ohne Gefährdungen ausgelöst von der Sportfreianlage ausgesetzt zu sein.

Kriteriensteckbriefe zur Standortqualität
Die Qualität Standort bewertet die Erreichbarkeit der Anlage mit verschiedenen Verkehrsmitteln sowie die Umwelteinflüsse der Umgebung.

9.7.5 Bewertungssystem für nachhaltige Sportfreianlagen als Grundlage einer besseren Planung

Ein Bewertungssystem bietet die Möglichkeit, Sportfreianlagen im Sinne der Nutzer, der Umwelt und finanziellen Situationen zu optimieren. Die Verpflichtung, dass die Akteure gegenläufige Optionen untereinander abwägen und den Entscheidungsprozess darlegen müssen, fördert die Nachhaltigkeit von Sportanlagen deutlich.

Ein Bewertungssystem für eine nachhaltige Sportfreianlage ist nicht als Schablone zu verstehen, die bei jeder Anlage anzuwenden ist und überall das gleiche Ergebnis bringt. Durch den Prozess der Abstimmung und der Abwägung entsteht eine individuell optimierte Lösung für jede Sportfreianlage. Wichtig ist, dass im Prozess bereits alle Beteiligten einzubinden sind, sodass ein einheitliches Verständnis über Entscheidungen verstanden und akzeptiert wird.

Durch die Ergänzung der Kriteriensteckbriefe um Tools wie eine „Nutzwertmatrix zur Erleichterung der Belagsauswahl" und eine „Standardplanung" entsteht ein Instrument für eine im Sinne der Nachhaltigkeit ausgeglichene und langfristige Planung inklusive Berücksichtigung des Betriebs und der Instandhaltung.

Um dennoch einen einheitlichen Maßstab in der Nachhaltigkeitsbewertung zu erhalten, sind spezielle Sportfreianlagenauditoren auszubilden, welche die Beteiligten der Nachhaltigkeitsbewertung unterstützen. Wichtige Aufgabenbereiche liegen dabei in der Ermittlung der vorhandenen und benötigten Daten, die auszuwerten und zu bewerten sind.

10 Nachhaltigkeit beim Bauprozess

In Kapitel 8 sind die Abläufe grafisch dargestellt. Nachstehend werden die einzelnen Prozesse betrachtet.

10.1 Vertrags- und Umweltprüfung

Jede Auftragsdurchführung sollte mit der Prüfung aller Verträge beginnen, um sicherzustellen, dass zwischen dem Kunden und dem Unternehmen absolutes Einvernehmen über den mengenmäßigen und finanziellen Umfang, die Qualität und die Nachhaltigkeit der zu erbringenden Leistung besteht. Weiter soll damit abgesichert werden, dass die Leistung technisch ausführbar ist und die vorgesehenen Termine eingehalten werden können. Die dafür geeigneten Verfahren, die innerbetrieblichen Festlegungen zur Verantwortung und Checklisten für die Prüfungen sind im Handbuch enthalten. Auch bei der Umweltprüfung sollte nach einem gesicherten und einheitlichen Verfahren vorgegangen werden. Dazu eignet sich zum Beispiel der „Bewertungsbogen Baustoff/Bauweise", der im nachfolgenden Beispiel vorgestellt wird.

Jede Vertragsunterlage sollte mit einem Stempel versehen und erst freigegeben werden, wenn folgende Punkte geprüft und abgezeichnet sind:
- Wirtschaftlichkeit
- Vertragsrecht
- Umweltrecht
- Umwelttechnik
- Bau- und Vegetationstechnik
- Termine

Auch während der Auftragsabwicklung wird weiterhin geprüft, ob durch neue Feststellungen vor Ort, zum Beispiel vorher unbekannte Kontaminationen, das Vertragsziel entsprechend der Vereinbarung erreicht wird oder ob nur durch Zusatzmaßnahmen beziehungsweise Änderung der technischen Lösung das Leistungsziel verwirklicht werden kann.

10.1.1 Wertung von Baustoffen unter Umweltaspekten (umwelt-freundliche Baustoffe)

Beruht das Projekt nicht auf eigener Planung, bei der bereits alle nachhaltig-keitsrelevanten Überlegungen eingeflossen sind, sollten die vom Auftragge-ber vorgesehenen Baustoffe und Bauweisen auf ihre Umweltverträglichkeit überprüft werden.

10.1.2 Nutzen, Kosten und Risiko

Ein Unternehmen sollte immer Überlegungen über Nutzen, Kosten und Risi-ko bezogen auf Wirtschaftlichkeit und Nachhaltigkeit anstellen. In die Ent-scheidungsfindung müssen dabei Grundsätze der Kostenrechnung, der Ge-winn- und Verlustrechnung des Unternehmens sowie die Chef- und Nach-haltigkeitskennzahlen des Unternehmens einfließen. Unter Nachhaltigkeits-aspekten könnte zum Beispiel dem Kunden aus dem vorgesehenen Projekt ein Nutzen durch deutliche Verbesserung der Natur- und Umweltsituation entstehen, dem Unternehmen ein Nutzen durch wachsende Kompetenz in Nachhaltigkeitsfragen. Kosten können dem Kunden entstehen direkt durch Umweltauflagen und -maßnahmen, durch Entsorgung und indirekt durch Nichtbeachtung solcher Regeln. Unzureichender Umweltschutz und Verstö-ße gegen Umweltrecht verursachen einem Unternehmen unter Umständen erhebliche Mehrkosten und außerdem Imageschäden.

In die Risikobetrachtungen sind für den Kunden mögliche Folgen aus Nichtbeachtung von Umweltauflagen einzubeziehen, gleiches gilt auch für ein Unternehmen.

10.1.3 Umweltrelevante Prüfungen

Die Nutzen-, Kosten- und Risikobetrachtung setzt grundsätzlich eine Prü-fung aller Verträge, Bauverfahren und Bauteile auf Verstöße gegen Gesetze und Verordnungen umweltrelevanter Natur voraus. Bei offensichtlichen Verstößen gegen Umweltrecht und -bestimmungen muss der Auftraggeber grundsätzlich darauf hingewiesen werden.

10.1.4 Führung und Aktualisierung der Dokumente und Daten

Voraussetzung dafür, dass Umweltauflagen beachtet und Prüfungen umfas-send und korrekt durchgeführt werden, ist das Vorliegen aller qualitäts- und umweltrelevanten Gesetze, Verordnungen, Richtlinien und Normen. Mittel-ständischen Unternehmen des Landschaftsbaus entstehen besonders auf dem Gebiet umweltrelevanter Gesetze, Verordnungen, Richtlinien und Nor-men große Probleme, denn häufig sind nur ganz wenige Kapitel einer Ver-ordnung/eines Gesetzes zu beachten. Die Frage, ob ein kleines Unterneh-men die Aufgabe des Herausfilterns leisten kann, muss an dieser Stelle offen bleiben.

Grundsätzlich kann man in Unternehmen kurzfristige und langfristige Dokumente und Daten unterscheiden. Kurzfristige Dokumente und Daten sind das Leistungsverzeichnis und alle den Auftrag betreffenden Unterlagen. Langfristige Dokumente und Daten sind Gesetze, Verordnungen, Umweltvorschriften, Normen, Richtlinien oder Verfahren. Die betriebliche Sammlung muss so angelegt und betreut werden, dass sie immer auf dem neuesten Stand ist. Dies kann geschehen durch regelmäßige Auswertung von Verbandsmitteilungen, Presse und Fachzeitschriften. Zugang zu weiteren Daten bietet das Internet.

Das Beispiel nach Tabelle 10.1 zeigt, wie solche Datensätze elektronisch aufgebaut werden können. Aktuelle Informationen sind im Internet zum Beispiel unter www.Umwelt.de zu finden.

Tab. 10.1 Elektronische Datenbank Abfall

Ordner Geltungs-bereich	Datei Grundlage	Dateiinhalt Richtlinien für das Unternehmen
Abfall	Kreislaufwirtschafts-gesetz (KrWG), Ausfertigungsdatum: 24.02.2012	Der Abfallbegriff wird folgendermaßen erklärt: „(1) Abfälle im Sinne dieses Gesetzes sind alle Stoffe oder Gegenstände, derer sich ihr Besitzer entledigt, entledigen will oder entledigen muss. Abfälle zur Verwertung sind Abfälle, die verwertet werden; Abfälle, die nicht verwertet werden, sind Abfälle zur Beseitigung."
	Strafgesetzbuch (10.11.2016) § 326 Unerlaubter Umgang mit Abfällen	Dieser Paragraf regelt, dass jemand, der Stoffe, die geeignet sind, nachhaltig ein Gewässer, die Luft oder den Boden zu verunreinigen oder sonst nachteilig zu verändern oder einen Bestand von Tieren oder Pflanzen zu gefährden, außerhalb einer dafür zugelassenen Anlage oder unter wesentlicher Abweichung von einem vorgeschriebenen oder zugelassenen Verfahren sammelt, befördert, behandelt, mit Freiheitsstrafe bis zu fünf Jahren oder mit Geldstrafe bestraft wird.
	Verordnungen	
	ChemKlimaschutzV	Chemikalien-Klimaschutzverordnung
	ChemOzonSchichtV	Chemikalien-Ozonschichtverordnung
	DepV	Deponieverordnung
	EMASPrivilegV	EMAS-Privilegierungsverordnung
	EfbV	Entsorgungsfachbetriebeverordnung
	GewAbfV	Gewerbeabfallverordnung
	GewinnungsAbfV	Gewinnungsabfallverordnung
	HKWAbfV	Verordnung über die Entsorgung gebrauchter halogenierter Lösemittel
	AbfKlärV	Klärschlammverordnung
	NachwV	Nachweisverordnung
	PCBAbfallV	PCB/PCT-Abfallverordnung
	VerpackV	Verpackungsverordnung

Tab. 10.1 Elektronische Datenbank Abfall (Fortsetzung)

Ordner Geltungs-bereich	Datei Grundlage	Dateiinhalt Richtlinien für das Unternehmen
	Kommunale Abfallsatzung	Hausmüllartige Fraktionen werden durch die kommunale Abfallsatzung der Stadt abgedeckt. Die Entsorgung der Abfälle ist durch das Kreislaufwirtschaftsgesetz (KrWG) geregelt. Die Transporteure und Entsorger sind für die einzelnen Fraktionen einschließlich der Nachweispflicht (Entsorgungsnachweis) festgelegt. Für die Sammlung und Lagerung der Abfälle bis zur Entsorgung müssen die Vorschriften eingehalten werden. Eine Gefährdung der Umwelt muss ausgeschlossen sein. Bei brennbaren Stoffen gilt zudem die Verordnung über brennbare
	VbF TRbF	Flüssigkeiten (VbF) und die entsprechenden technischen Regeln (TRbF). Weiterhin ist bei wassergefährdenden Stoffen die Verordnung über Anlagen zum Umgang
	VAwS	mit wassergefährdenden Stoffen (VAwS) zu beachten, um eine Boden- und Grundwasserverschmutzung auszuschließen.

10.2 Auftragsabwicklung

Die Auftragsabwicklung muss unter beherrschten Bedingungen, das heißt nach einem einheitlichen und nachvollziehbaren Verfahren geschehen.

10.2.1 Lenkung der Auftragsabwicklung

Unter Berücksichtigung aller Vorgaben aus dem Bereich der Vertragsprüfung sollten die einzelnen Bauvorhaben (Projekte) in Abhängigkeit von ihrer Größe zum Beispiel durch Ablaufdiagramme vorbereitet, fachlich und terminlich gesteuert und abgerechnet werden. Dabei ist unter anderem folgendes zu beachten:

Zuständigkeit und Verantwortung
Die Zuständigkeiten und Verantwortungsbereiche sind zu regeln (Beispiel s. Tab. 10.2).

Tab. 10.2 Zuständigkeit und Verantwortung (GF = Geschäftsführung, TL = Technische Leitung, KL = Kaufmännische Leitung, BL = Bauleitung)

Aufgaben	Zuständigkeiten			
	GF	TL	KL	BL
Projektvorbereitung				
a. Aufstellen eines Bauzeitenplanes als Teamarbeit von technischem Büro und Bauleiter/Anlagenleiter				
b. Entwicklung von Alternativen zur Planung und zur vorgesehenen technischen Lösung				
Klärung und schriftliche Fixierung der Aufgabe als Ergebnis von Vertragsprüfung, Vorbesprechung, Bauzeitenplan, Anmelden von Bedenken und Alternativangeboten. Hinweis auf damit verbundene Verschiebungen und Änderungen im Vertrag bei gleichzeitiger Beratung des Auftraggebers				
Bestätigung des Auftragsverzeichnisses nach Klärung aller Sachverhalte und des definitiven Auftragswertes. Festlegung der Zahlungsbedingungen				
Fortschreibung der Arbeitsvorbereitung auf der Basis bisheriger Erkundigungen mit				
a. Fortschreibung des Bauzeitenplanes				
b. Abstimmung von Personal und Geräteeinsatz mit Gesamtbetrieb				
c. Festlegung der Lieferanten und Subunternehmer und termingebundene Bestellung von Material				
d. Festlegung der Eigenüberwachungsprüfungen				
e. Festlegung des Einsatzbeginns				

10.2.2 Baustellenvorbesprechung und Niederschrift

Zu Beginn jeder Baustelle ist es sinnvoll, eine Baustellenvorbesprechung durchzuführen. Damit wesentliche Punkte nicht vergessen werden, sollte eine Checkliste verwendet werden. Ein Beispiel dafür ist die Checkliste „Baustellenvorbesprechung Umwelt und Nachhaltigkeit" (Tab. 10.3).

Tab. 10.3 Baustellenvorbesprechung Umwelt und Nachhaltigkeit

Bauvorhaben				
Teilnehmer AG				
Teilnehmer AN				
Zuständigkeiten				
Bauleitung Auftraggeber				
Befugt zu Anordnungen?				
Sonstige Zuständigkeiten				
1. Konstruktionen/Bauweisen		**Ja**	**Nein**	**Maßnahme**
11	Konstruktionen umweltgerecht und nachhaltig? Einzelangaben zu Konstruktionen siehe Sonstiges			
	Termin für Konstruktionsänderungen Auftraggeber			
	Alternativangebot Auftragnehmer – Termin			
12	Bauweisen umweltgerecht und nachhaltig? Einzelangaben zu Bauweisen siehe Sonstiges			
	Termin für Änderung der Bauweisen Auftraggeber			
	Alternativangebot Auftragnehmer – Termin			
13	Recycling ausgebauter Baustoffe?			
	Pos.			
	Pos.			
2. Leistungsverzeichnis				
21	Alternativpositionen für umweltgerechtes und nachhaltiges Bauen?			
	Pos.			
	Pos.			
	Pos.			
22	Alternativ-/Nachtragsangebote für umweltgerechte und nachhaltige Bauweisen?			
	Art:			
	Art			
	Art			
	Termin			

Tab. 10.3 Baustellenvorbesprechung Umwelt und Nachhaltigkeit (Fortsetzung)

3. Termine					
31	Terminverschiebungen?				
	Gründe: Schutz von Flora und Fauna Bodenschutz Grundwasser Gefahrstoffe				
	Neue Termine				
32	Unterbrechungen				
	Gründe: Schutz von Flora und Fauna Bodenschutz Grundwasser Gefahrstoffe				
	Termine				
33					
4. Gelände					
41	Altlasten Prüfergebnis vorliegend?				
	Entsorgung geregelt?				
42	Bodenverdichtungen?				
	Maßnahmen in Leistungsverzeichnis?				
43	Abfälle?				
	Entsorgung VOB-gerecht geregelt?				
5. Vegetationstechnik					
51	Vegetation				
	Schutz von Bäumen				
	Schutz von Vegetation				
	Schutz von				
52	Grundwasser				
	Einschränkungen				
53	Oberbodenschutz				
	Einsaat/Abdeckung				
	Sonstiges				
54					

Tab. 10.3 Baustellenvorbesprechung Umwelt und Nachhaltigkeit (Fortsetzung)

6. Untersuchungsergebnisse			
61	Baugrund?		
	Abweichungen		
62	Oberboden?		
	Abweichungen		
63	Grundwasser		
	Abweichungen		
64	Altlasten		
	Gutachten		
65	Wasserschutzgebiet?		
	Einschränkungen?		
66			

7. Einschränkungen/Vorkehrungen			
71	Verschmutzungen		
72	Staub		
73	Lärm		
74	Erschütterungen		

8. Niederschrift			
81	Zustand der Baustelle		
	Termin		
82	Zustand der Vegetation		
	Termin		
83	Umweltrelevante Aspekte (Abfall/Altlasten)		
	Termin		

9. Sonstiges und Erläuterungen zu den Fragen

Ort	Datum
Für den Auftraggeber	**Für den Auftragnehmer**

In einer Niederschrift über den Zustand der Baustelle und Vegetation sind vorhandene Schäden, Mängel oder Zustände nach Möglichkeit gemeinsam mit dem Auftraggeber festzustellen und als Protokoll zu den Bauakten zu geben (Tab. 10.4).

Tab. 10.4 Niederschrift über den Zustand der Baustelle/Vegetation/Umwelt

Bauvorhaben	
Datum der Aufnahme	
Name des Aufnehmenden	
Feststellungen (Einzelbeschreibungen gegebenenfalls auf gesondertem Blatt)	
A: Zustandsbeschreibung Vegetation und Vegetationsflächen	
Fotos: Ja ☐ Nein ☐ Anzahl der Fotos:	
B. Zustandsbeschreibung bauliche Anlagen	
Fotos: Ja ☐ Nein ☐ Anzahl der Fotos:	
C. Zustandsbeschreibung Einrichtungen und Lagerungen – Sonstiges	
Fotos: Ja ☐ Nein ☐ Anzahl der Fotos:	
D. Zustandsbeschreibung Altlasten, Abfall, Verschmutzungen, Verdichtungen	
Fotos: Ja ☐ Nein ☐ Anzahl der Fotos:	
Bestätigung durch Auftraggeber	**Bestätigung durch Auftragnehmer**
Datum	**Datum**
Unterschrift	**Unterschrift**

10.3 Baustellenabwicklung

Die Grundsätze der Abwicklung von Baustellen sind einheitlich zu regeln. Hilfsmittel dazu sind:
- Bauaktendeckblatt
- Bauzeitenplan

10.3.1 Steuerung der Baustelle durch den Anlagenleiter

Die Grundsätze der Steuerung sollten in einer Verfahrensanweisung geregelt sein. Bezogen auf Umweltfragen sollte es zu den Pflichten des Anlagenleiters gehören, die Umweltschutzauflagen zu beachten und den Umweltschutz zu optimieren.

10.3.2 Beschaffung

Die Beschaffung ist in den Unternehmen des Landschaftsbaus unterschiedlich geregelt. Generell ist zu sichern, dass nur Baustoffe beschafft werden, die den vertraglichen und, soweit das beeinflusst werden kann, auch umweltrelevanten Anforderungen entsprechen.

Für Subunternehmen sollte gelten, dass auch sie sich der Umweltphilosophie des Unternehmens verpflichtet fühlen und in gleichem Sinne arbeiten.

10.3.3 Handhabung

Durch Festlegungen zur Handhabung soll gesichert werden, dass alle Baustoffe und Pflanzen fachgerecht und umweltschonend transportiert und gelagert werden, damit die Qualitäten nicht beeinträchtigt und Umweltschäden vermieden werden. Regelungen dazu sind im Handbuch enthalten. Einbezogen werden in diese Überlegungen auch die einzelnen Bauverfahren. Bezogen auf Umweltaspekte sollte unter anderem an die folgenden Regelungen gedacht werden:

Transport
Ein Unternehmen könnte beispielsweise festlegen, dass Gefahrguttransporte grundsätzlich von externen Transportunternehmen durchgeführt werden und bei Transporten von Treibstoffen die zulässigen Höchstmengen nicht überschritten werden dürfen.

Lagerung
Pflanzenschutzmittel sollten, soweit ihre Verwendung vom Auftraggeber vorgeschrieben wird, nicht gelagert, sondern nur für den Anwendungsfall direkt beschafft werden. Für gefährliche oder umweltrelevante Stoffe, zum Beispiel Öle, ist dafür zu sorgen, dass die gesetzlichen Vorschriften beachtet werden.

Umweltschutz

Maßnahmen des Umweltschutzes können sein:

- Verwendung von Biodiesel und biologisch abbaubarer Hydraulik- und Kettenöle
- Minderung des Energieaufwandes bei der Ausführung durch zwischenzeitliches Abstellen der Maschinen und überlegten Einsatz
- Vergabe von Ölwechsel und Lackierarbeiten an eine Fremdwerkstatt
- Verringerung des Abfallaufkommens soweit wie möglich
- Getrennte Sammlung und Lagerung von Abfallstoffen
- Verwendung von Recyclingstoffen
- Verwendung von Pflanzenschutzmitteln nur in Ausnahmefällen und nur auf ausdrückliche Anforderung durch den Auftraggeber
- Sortierung von Abfall
- Rückgabe von Pflanztöpfen, Containern und Verpackungen
- Beschaffungen bei ortsnahen Lieferanten, um lange Transportwege zu vermeiden

10.3.4 Verfahrensprüfung

Die vorstehende Liste ist ein erster Überblick. Wichtiger ist, dass auch die einzelnen Aktivitäten bei der Durchführung einer Baumaßnahme durchleuchtet werden und gegebenenfalls Maßnahmen zur Verbesserung eingeleitet werden. Nachstehend einige Beispiele für ein geregeltes Vorgehen (Tab. 10.5 bis 10.8).

Tab. 10.5 Verfahrensprüfung Erd- und Bodenarbeiten

Beschreibung des Verfahrens	Bei Erd- und Bodenarbeiten wird Unter- oder Oberboden abgetragen, gefördert, zwischengelagert und wieder aufgetragen oder entsorgt	
Medium	**Beschreibung der Umweltauswirkungen**	**Maßnahmen zur Umweltentlastung**
Verdichtung	Durch die Bewegung der Bodenbearbeitungsgeräte wird der befahrene Boden verdichtet. Dabei wird, insbesondere bei Bearbeitung in zu hohem Feuchtezustand, das Bodengefüge gestört oder vollständig zerstört. Es tritt eine erhebliche Beeinträchtigung der Vegetation ein.	Erd- und Boden dürfen nur bei geeigneter Bodenfeuchte durchgeführt werden. Zur Verminderung des Bodendruckes sind Niederdruckreifen zu verwenden.
Kontamination	Durch Verlust von Öl und Fetten wird der Boden kontaminiert. Dies führt zu Pflanzenschädigungen und Belastungen des Grundwassers.	Regelmäßige Wartung. Ölwechsel auf undurchlässigen Flächen mit Auffangwannen.
Abfall	Überschüssiger Boden wird zu einer Deponie gefahren mit der Folge, dass Transporte notwendig werden und Deponieraum verbraucht wird.	Umweltgerechte Höhenplanung, durch die ein Abtransport völlig vermieden werden kann.

Tab. 10.6 Verfahrensprüfung Mauerarbeiten

Beschreibung des Verfahrens	Bei der Herstellung von Mauern werden Baustoffe unter Verwendung von Mörtel oder anderen Bindemitteln zu einem Bauwerk zusammengefügt	
Medium	**Beschreibung der Umweltauswirkungen**	**Maßnahmen zur Umweltentlastung**
Abfall	Bei der Herstellung von Mauern oder anderen Bauwerken werden natürliche oder künstliche Steine durch Brechen oder Sägen der vorgesehenen Form angepasst. Dabei fällt Bruch an, der zu entsorgen ist. Weiter sind überflüssige Mengen zu entsorgen.	Abstimmung der Konstruktion auf das vorgesehene Material. Bezug nur der notwendigen Menge durch genaue Bedarfsfeststellung.
Kontamination	Bei unsorgfältigem Umgang mit Mörtel und beim Reinigen von Mörtelkübeln wird der Boden kontaminiert, mit Beeinträchtigung der Vegetation.	Sorgfältiger Umgang mit Mörtel und Bindemitteln.
Staub	Beim Schneiden von Steinen mit der Flex entsteht Steinstaub, der die Lunge und die Vegetation belastet.	Anwendung staubschluckender Maschinen, z. B. mit Wasserbett oder Staubfilter.
Transport	Bei Verwendung ortsferner Baustoffe fallen erhebliche Transporte mit entsprechender Umweltbelastung an.	Verwendung ortsnaher Baustoffe.

Tab. 10.7 Verfahrensprüfung Wegebauarbeiten

Beschreibung des Verfahrens	Bei der Herstellung von Wegen und Plätzen werden Baustoffe für Sauberkeits-, Frostschutz- und Tragschichten sowie Deckschichten gegebenenfalls unter Verwendung von Bindemitteln zu einem Weg/einer Straße/einem Platz zusammengefügt	
Medium	**Beschreibung der Umweltauswirkungen**	**Maßnahmen zur Umweltentlastung**
Abfall	Bei der Herstellung von Wegen und Plätzen werden natürliche oder künstliche Steine durch Brechen oder Sägen der vorgesehenen Form angepasst. Dabei fällt Bruch an, der zu entsorgen ist. Weiter sind überflüssige Mengen zu entsorgen.	Abstimmung der Materialwahl und Konstruktion auf das vorgesehene Gestaltungsziel. Bezug nur der notwendigen Menge durch genaue Bedarfsfeststellung.
Ressourcen	Für die Schichten eines Weges werden vorwiegend Natursteinmaterialien verwendet. Dabei werden Naturressourcen verbraucht.	Verwendung von Recyclingbaustoffen, soweit das technisch möglich ist.
Staub	Beim Schneiden von Steinen mit der Flex entsteht Steinstaub, der die Lunge und die Vegetation belastet.	Anwendung staubschluckender Maschinen, z. B. mit Wasserbett oder Staubfilter.
Transport	Bei Verwendung ortsferner Baustoffe fallen erhebliche Transporte mit entsprechender Umweltbelastung an.	Verwendung ortsnaher Baustoffe.

Tab. 10.8 Verfahrensprüfung Maschineneinsatz

Beschreibung des Verfahrens	Bei der Herstellung von Freianlagen werden viele Geräte und Maschinen verwendet	
Medium	**Beschreibung der Umweltauswirkungen**	**Maßnahmen zur Umweltentlastung**
Betriebsstoffe	Der Einsatz der Geräte und Maschinen erfordert Betriebsstoffe. Damit werden die Ressourcen der Natur verbraucht.	Ausschalten von Geräten und Maschinen, wenn sie zeitweise nicht gebraucht werden.
Abgase	Bei der Verbrennung von Betriebsstoffen entstehen Abgase, die die Umwelt belasten.	Verwendung von Abgas- und Rußfiltern. Anschaffung abgasarmer Maschinen und Geräte. Ausschalten wie vor.
Boden-kontamination	Kontamination des Bodens durch Fette und Öle.	Regelmäßige Wartung und Ersatz von Hydraulikschläuchen.
Lärm	Maschineneinsatz ist mit Lärm verbunden.	Einsatz lärmgeminderter Geräte und Maschinen.
Transporte	Durch unüberlegten Maschineneinsatz entstehen zu viele Transporte mit Umweltbelastung.	Gezielte Geräte- und Maschinenlogistik unter Umweltaspekten.

10.4 Prüfungen

Zu den Vorbereitungsmaßnahmen einer Bauabwicklung gehört neben Überlegungen zu umweltschonendem Einsatz von Geräten und Maschinen auch die Planung von Prüfungen, mit denen die Durchführung und Wirksamkeit von Festlegungen kontrolliert werden.

Die Bauleiter/Anlagenleiter sollten Folgendes prüfen:

* Baustoffe und Materialien
* Vorleistungen
* Umweltbelastungen bei Vorleistungen und Baustoffen

Die zur Verfügung gestellten Flächen und Vorleistungen anderer Unternehmer, auf denen Leistungen des Garten-, Landschafts- und Sportplatzbaus aufbauen, sollten immer durch einfache Sicht- und Riechversuche auf Kontamination mit umweltbelastenden Stoffen geprüft werden. Bei festgestellten oder vermuteten Schadstoffkontaminationen müssen Architekt und Bauherr informiert werden.

Für jede Baustelle muss heute bei Verdacht auf Umweltbelastungen eine „Prüfung von Umweltbelastungen bei Vorleistungen und Baustoffen" erfolgen. Im Organisationshandbuch könnte dann als betriebliche Regelung zum Beispiel festgelegt werden:

Prüfung von Umweltbelastungen bei Vorleistungen und Baustoffen (Beispiel)
Die zur Verfügung gestellte Fläche und die Vorleistungen anderer Unternehmer, auf denen unsere Leistungen aufbauen, sind durch einfache Sicht- und Riechversuche auf Kontamination mit umweltbelastenden Stoffen zu prüfen. Entsprechendes gilt für alle angelieferten Baustoffe, auch bauseits gelieferte oder vorhandene Stoffe.

Die Prüfungen erfolgen durch den jeweiligen Baustellenleiter/Anlagenleiter. Bei festgestellten oder vermuteten Schadstoffkontaminationen sind diese an den zuständigen Beauftragten der technischen Leitung und in Kopie an den Umweltbeauftragten zu melden.

Der zuständige Bauleiter informiert Architekt und Bauherrn. Vor Fortführung der Arbeiten ist mit ihnen zu klären, wie mit den festgestellten Kontaminationen zu verfahren ist. Im Zweifelsfall sind beim Bauherrn Laboruntersuchungen oder beim Lieferanten Unbedenklichkeitsnachweise zu verlangen.

Durch einfache Riechversuche sind ungewöhnliche Gerüche festzustellen. Der Sichtversuch (Untersuchung nach Augenschein, ohne Hilfsmittel) dient dazu, Strukturänderungen und insbesondere Verfärbungen als Anzeichen für Schadstoffbelastungen zu ermitteln.

Wenn vorhanden, sind darüber hinaus mitgelieferte Unterlagen, Nachweise und Untersuchungsergebnisse hinsichtlich der Angaben oder Unbedenklichkeit bezogen auf Schadstoffkontaminationen zu überprüfen.

Für jede Baustelle ist eine Prüfliste gemäß nachstehendem Muster anzulegen, die Bestandteil des Bautagebuches wird. Sind keine Schadstoffe festgestellt, ist unter Feststellungen „keine" zu schreiben und die Prüfung vollständig mit Datum und Unterschrift abzuzeichnen (Tab. 10.9).

Tab. 10.9 Prüfung auf Schadstoffe – Bodenkontamination

Baustelle		Los		
Prüfbereich	**Feststellungen: Art, Menge, Ort des Auftretens**			
Vorleistungen				
Baustoffe				
Bodenkontaminationen				
Sonstiges				
Meldung an	Bauleitung		Umweltbeauftragten	Auftraggeber
Datum			Unterschrift	

Die Ergebnisse der Feststellungen müssen zu Konsequenzen führen. Einerseits ist es notwendig, die eigene Leistung so umzustellen, dass kein Umweltschaden entsteht. Andererseits sind in der Regel mit Verfahrensänderungen auch Zusatzleistungen verbunden, die zusätzliche vergütungspflichtige Kosten verursachen. Deshalb ist der Auftraggeber über das Ergebnis der Prüfungen zu informieren und auf verfahrenstechnische und finanzielle Folgen aufmerksam zu machen. Die notwendigen Maßnahmen sind zu vereinbaren. Bei einem VOB-Vertrag besteht dazu eine vertragliche Verpflichtung. Jedes Unternehmen sollte deshalb „Musterbriefe" in seinem Speicher vorhalten (Abb. 10.1 bis 10.3).

Weitere Musterbriefe finden sich in NIESEL et al. (2010).

Prüfmittelüberwachung

Mit einer festgelegten Prüfmittelüberwachung sollte gesichert werden, dass alle Messinstrumente den erforderlichen Genauigkeitsgrad besitzen.

Prüfstatus

Im Rahmen des Berichtswesens sollte gesichert sein, dass jederzeit nachvollzogen werden kann, in welchem Prüfstatus sich die einzelnen Materialien und Leistungen befinden.

Bedenken zu gefährdeten Pflanzen und Flächen

Sehr geehrte Damen und Herren,

hat der Auftragnehmer Bedenken gegen die vorgesehene Art der Ausführung, gegen die Güte der vom Auftraggeber gelieferten Stoffe oder Bauteile oder gegen die Leistungen anderer Unternehmer, so hat er gemäß § 4 Abs. 3 VOB/B dem Auftraggeber Bedenken – möglichst schon vor Beginn der Arbeiten – schriftlich mitzuteilen.

Bei seiner Prüfung hat der Auftragnehmer nach ATV DIN 18320 „Landschaftsbauarbeiten" insbesondere auch Bedenken geltend zu machen bei durch Baubetrieb gefährdeten Pflanzen.

Die Überprüfung der uns übergebenen Unterlagen und der örtlichen Gegebenheiten hat ergeben *),
• dass folgende Bäume und Gehölze durch Baubetrieb gefährdet sind und nach DIN 18920 geschützt werden müssen:
....
....

• dass folgende zusammenhängende Vegetationsflächen durch Baubetrieb gefährdet sind und nach DIN 18920 geschützt werden müssen:
....
....

Im Leistungsverzeichnis sind dafür keine Leistungen vorgesehen. In Erfüllung unserer vertraglichen Verpflichtung melden wir daher Bedenken wegen des nicht vorgesehenen Schutzes von Pflanzen und Flächen und der daraus möglichen Schäden an erhaltenswerter Vegetation an. Bitte teilen Sie uns mit, ob Sie unsere Bedenken teilen und in welcher Weise in der Folge verfahren werden soll oder ob Sie auf den unserer Meinung nach notwendigen Schutz der Pflanzen und Flächen verzichten wollen. Wir bitten um Ihre Mitteilung bis um .... Danach wären wir gezwungen, eine Behinderung wegen fehlender Angaben/Unterlagen anzumelden.

In der Zwischenzeit werden wir die Arbeiten nur soweit fortsetzen, dass Ihnen kein Schaden entsteht.

Mit freundlichen Grüßen

*) Unzutreffendes streichen

Abb. 10.1 Musterbrief – Bedenken zu gefährdeten Pflanzen und Flächen

Bedenken zu ungeeigneten Standortverhältnissen

Sehr geehrte Damen und Herren,

hat der Auftragnehmer Bedenken gegen die vorgesehene Art der Ausführung, gegen die Güte der vom Auftraggeber gelieferten Stoffe oder Bauteile oder gegen die Leistungen anderer Unternehmer, so hat er gemäß § 4 Abs. 3 VOB/B dem Auftraggeber Bedenken – möglichst schon vor Beginn der Arbeiten – schriftlich mitzuteilen.

Bei seiner Prüfung hat der Auftragnehmer nach ATV DIN 18320 „Landschaftsbauarbeiten" insbesondere auch Bedenken geltend zu machen bei ungeeigneten Standortverhältnissen, z. B. Boden, Klima, Wasser und Immissionen.

Die stichpunktartige Überprüfung der uns übergebenen Unterlagen und der örtlichen Gegebenheiten hat ergeben *),
• dass die Standortverhältnisse hinsichtlich der Beschaffenheit des Bodens / der Dicke der Bodendecke / der Bodenart / der Bodenfeuchte / des Gehaltes an organischer Substanz / der Wasserdurchlässigkeit / des Wasserspeichervermögens / des pH-Wertes / der Exposition für die vorgesehene Begrünung / der Bepflanzung ungeeignet sind bzw. sich negativ auswirken werden.

• dass sich die klimatischen Einflüsse wie erhöhte Niederschlagshäufigkeit und Niederschlagsmenge / extreme Temperaturunterschiede, Kaltluftschneisen / Zugluft-bewegungen negativ auf die vorgesehene Art der Bepflanzung auswirken werden.

• dass sich die Wasserverhältnisse in dem vorgesehenen Feuchtgebiet infolge zu erwartender Wechselfeuchte / Nitratbelastung der Zuflüsse /Phosphatbelastung der Oberflächenwasser negativ auf die vorgesehene Vegetation auswirken werden.

• dass sich die Immissionen aus dem benachbarten Industriewerk in Form von Ruß / Staub / Abgasen / Hitzestrahlungen negativ auf die vorgesehene Vegetation auswirken werden.

In Erfüllung unserer vertraglichen Verpflichtung melden wir daher Bedenken wegen der ungeeignet erscheinenden Standortverhältnisse und der daraus abzuleitenden Folgen für den Anwuchserfolg, für zusätzliche Aufwendungen bei der Fertigstellungspflege und das Weiterwachsen an. Bitte teilen Sie uns mit, ob Sie unsere Bedenken teilen und in welcher Weise in der Folge verfahren werden soll oder ob Sie an der vorgesehenen Planung fest-halten. Wir bitten um Ihre Mitteilung bis zum .... Danach wären wir ge-zwungen, eine Behinderung wegen fehlender Angaben/Unterlagen anzumelden.

In der Zwischenzeit werden wir die Arbeiten nur soweit fortsetzen, dass Ihnen kein Schaden entsteht.

Mit freundlichen Grüßen

---

*) Unzutreffendes streichen

Abb. 10.2 Musterbrief – Bedenken zu ungeeigneten Standortverhältnissen

Bedenken zu verunreinigtem Gelände

Sehr geehrte Damen und Herren,

hat der Auftragnehmer Bedenken gegen die vorgesehene Art der Ausführung, gegen die Güte der vom Auftraggeber gelieferten Stoffe oder Bauteile oder gegen die Leistungen anderer Unternehmer, so hat er gemäß § 4 Abs. 3 VOB/B dem Auftraggeber Bedenken – möglichst schon vor Beginn der Arbeiten – schriftlich mitzuteilen.

Bei seiner Prüfung hat der Auftragnehmer nach ATV DIN 18320 „Landschaftsbauarbeiten" insbesondere Bedenken geltend zu machen bei verunreinigtem Gelände, z. B. durch Chemikalien, Mineralöle, Bauschutt, Bauwerksreste.

Die stichpunktartige Überprüfung der örtlichen Gegebenheiten hat ergeben *),
• dass der Boden durch Chemikalien / Mineralöle / Bauschutt / Bauwerksreste verunreinigt ist.
• dass eine Differenzierung des Unrates nach unterschiedlichen Entsorgungsvorschriften vorzunehmen ist.

In Erfüllung unserer vertraglichen Verpflichtung melden wir daher Bedenken an wegen der angetroffenen Verunreinigungen / der Art der vorgefundenen Verunreinigungen und deren unterschiedlicher Entsorgungsart / des nicht ausreichend beschriebenen Umfanges und Schwierigkeitsgrades der notwendigen Entsorgung.

Bitte teilen Sie uns mit, ob Sie unsere Bedenken teilen und in welcher Weise in der Folge verfahren werden soll oder ob Sie auf die unserer Meinung nach notwendige Beseitigung und umweltgerechte Entsorgung verzichten wollen. Wir bitten um Ihre Mitteilung bis zum .... Danach wären wir gezwungen, eine Behinderung wegen fehlender Angaben/Unterlagen anzumelden.

In der Zwischenzeit werden wir die Arbeiten nur soweit fortsetzen, dass Ihnen kein Schaden entsteht.

Mit freundlichen Grüßen

*) Unzutreffendes streichen

Abb. 10.3 Musterbrief – Bedenken zu verunreinigtem Gelände

10.5 Aufzeichnungen

Mit Aufzeichnungen sollte gesichert werden, dass alle qualitäts-, kosten- und umweltrelevanten Daten erfasst und so gelenkt werden, dass ein Nachweis über die Qualitäts- und Umweltsicherung sowie die damit verbundenen Kosten geführt werden kann. Geeignet dazu sind Bautagebücher und Prüfungsberichte.

11 Nachbereitung eines Projektes und Managementreview

Die Nachbereitung von Projekten bildet die Basis für das Managementreview, die Überprüfung und Weiterentwicklung des Organisationssystems eines Unternehmens.

Die Summe unserer Erfahrungen ist die Summe unserer Fehler. Und man sagt auch: „Aus Erfahrung wird man klug." Für den betrieblichen Alltag bedeutet das, dass jedes Projekt ab einer bestimmten Größe nachgearbeitet werden muss, um aus den Erfahrungen dieses Projektes in Zukunft besser zu werden. Bei modernen Organisationssystemen, zum Beispiel nach ISO 9001, wird sichergestellt, dass die Betroffenen aus Fehlern lernen, denn Fehler sind die Chancen der Zukunft.

11.1 Schlussbesprechung

Es ist deshalb für ein Landschaftsbauunternehmen oder für einen Landschaftsarchitekten, aber auch für eine Behörde sinnvoll, zum Ende eines Projektes eine Schlussbesprechung durchzuführen, um über Positives und Negatives zu sprechen und zu überlegen, was in Zukunft besser gemacht werden kann und welche positive Erfahrung für weitere Projekte nutzbar gemacht werden sollte. Voraussetzung ist, dass das Projekt zum Zeitpunkt der Schlussbesprechung wirtschaftlich und technisch ausgewertet ist und die Ergebnisse offenliegen. Folgende Bereiche (Tab. 11.1) sollten dabei angesprochen werden:

1. Soll-Ist-Vergleich
Dabei werden folgende Punkte verglichen:
- Einhaltung der Plandaten und Abweichungen von Werkplänen, Bauzeitenplan und Vertragsbedingungen
- Wirksamkeit der Arbeitsvorbereitung
- Wirksamkeit der Bauleitung
- Einhaltung der Termine, Unterbrechungen und Behinderungen
- Kostenabweichungen
- Einhaltung der Qualitätsvorgaben
- Umfang der Nachbesserungen
- Ordnung der Baustelle

- Einhaltung der Arbeitssicherheitsvorschriften und Benutzung der Schutzausrüstung
- Einfluss der Witterung
- Kundenzufriedenheit und -reklamationen
- Einhaltung der Umweltvorgaben

2. Kolonnenzusammensetzung
- Zusammensetzung (Kolonnengröße, optimale Anzahl der Mitarbeiter), Zusammengehörigkeitsgefühl (Klima)
- Qualifikation der einzelnen Mitarbeiter
- Wirksamkeit der Einweisung
- Regelung und Wirksamkeit der Vertretung/Ersatz
- Einsatz und Betreuung von Auszubildenden
- Feststellung eines internen Schulungsbedarfes
- Feststellung eines externen Schulungsbedarfes

3. Maschinelle Ausrüstung
- Beurteilung der Leistung eigener Geräte
- Beurteilung der Leistung von Fremdgeräten
- Beurteilung der Eignung eigener Geräte
- Beurteilung der Eignung von Fremdgeräten
- Vorschläge für geeignetere Geräte

4. Subunternehmer
- Beurteilung der fachlichen Leistung
- Beurteilung der Pünktlichkeit
- Beurteilung der Zuverlässigkeit
- Umfang, Art und Umgang mit Reklamationen

5. Lieferanten
- Beurteilung der Pünktlichkeit und Zuverlässigkeit
- Umfang, Art und Umgang mit Reklamationen

6. Auftraggeber/Bauüberwachung
- Zuverlässigkeit bezogen auf den Einfluss des Auftraggebers auf den Ablauf des Projektes
- Zuverlässigkeit des Planers/Landschaftsarchitekten auf den Ablauf des Projektes bezogen auf die Qualität der Planung
- Zuverlässigkeit der Bauüberwachung bezogen unter anderem auf Koordinierung, Umgang mit Nachträgen, Bedenken, Hinweisen, Zahlungsverkehr

7. Qualitätssicherung
- Einhaltung von Zielvorgaben
- Einhaltung der Vorgaben zu Eigenüberwachungsprüfungen
- Ergebnis der Eigenüberwachungsprüfungen
- Qualität und Wirksamkeit des Berichtswesens
- Wirksamkeit des Informationsflusses
- Einhaltung technischer Regeln

8. Nachhaltigkeitssicherung
- Einhaltung von Zielvorgaben
- Umweltverhalten der Mitarbeiter
- Umweltverträglichkeit der Maschinen
- Umweltverträglichkeit der Bauverfahren
- Umweltverträglichkeit der Baustoffe
- Probleme bei der Entsorgung, Kosten, Reklamationen

Aus der Liste geht hervor, dass es nach Beendigung eines Projektes viele Punkte gibt, die einer Nachfrage wert sind und die allein Bauleiter und Baustellenleiter beantworten können. Bei einer solchen Besprechung muss völlig wertfrei über Gutes und Schlechtes ohne jegliche Schuldzuweisung gesprochen werden, denn es geht ausschließlich darum, aus gemachten Fehlern zu lernen und Stärken zu erkennen.

Tab 11.1 Baustellenschlussgespräch

			Seite
Auftraggeber **Projektnummer**			**Baustellenleiter** **Ausführungszeitraum**
Teilnehmer			**Datum**
Besprechungsthemen		**Handlungsbedarf**	**Maßnahmen**
1	**Soll-Ist-Vergleich**		
1.1	Einhaltung Plandaten (Werkpläne/Bauzeitenplan/ Vertragsbedingung	Ja ☐	
1.2	Wirksamkeit der Arbeitsvorbereitung	Ja ☐	
1.3	Wirksamkeit der Bauleitung	Ja ☐	
1.4	Termine/Unterbrechungen/Behinderungen	Ja ☐	
1.5	Kostenabweichung	Ja ☐	
1.6	Qualität	Ja ☐	
1.7	Nachbesserungen	Ja ☐	
1.8	Ordnung der Baustelle	Ja ☐	
1.9	Arbeitssicherheit/Schutzausrüstung	Ja ☐	
1.10	Witterungseinflüsse	Ja ☐	
1.11	Kundenzufriedenheit	Ja ☐	
1.12	Einhaltung der Umweltvorgaben	Ja ☐	
2	**Kolonnenzusammensetzung**		
2.1	Zusammensetzung	Ja ☐	
2.2	Qualifikation	Ja ☐	
2.3	Einweisung	Ja ☐	
2.4	Einsatz und Betreuung von Auszubildenden	Ja ☐	
2.5	Schulungsbedarf intern	Ja ☐	
2.6	Schulungsbedarf extern	Ja ☐	

Tab 11.1 Baustellenschlussgespräch (Fortsetzung)

			Seite
3	**Maschinelle Ausrüstung**		
3.1	Leistung eigene Geräte	Ja ☐	
3.2	Leistung Fremdgeräte	Ja ☐	
3.3	Eignung eigene Geräte	Ja ☐	
3.4	Eignung Fremdgeräte	Ja ☐	
3.5	Umweltgefährdung	Ja ☐	
4	**Subunternehmer**		
4.1	Pünktlichkeit	Ja ☐	
4.2	Zuverlässigkeit	Ja ☐	
4.3	Reklamationen	Ja ☐	
4.4	Umweltverhalten	Ja ☐	
5	**Lieferanten**		
5.1	Pünktlichkeit	Ja ☐	
5.2	Zuverlässigkeit	Ja ☐	
5.3	Reklamationen	Ja ☐	
5.4	Umweltverhalten	Ja ☐	
6	**Auftraggeber/Bauüberwachung**		
6.1	Zuverlässigkeit Auftraggeber	Ja ☐	
6.2	Zuverlässigkeit Architekt	Ja ☐	
6.3	Zuverlässigkeit Bauüberwachung	Ja ☐	
7	**Qualitätssicherung**		
7.1	Zielvorgaben	Ja ☐	
7.2	Vorgaben Eigenüberwachung	Ja ☐	
7.3	Ergebnis Eigenüberwachung	Ja ☐	
7.4	Berichtswesen	Ja ☐	
7.5	Informationsfluss	Ja ☐	
7.6	Technische Regeln	Ja ☐	
8	**Nachhaltigkeitssicherung**		
8.1	Zielvorgaben	Ja ☐	
8.2	Mitarbeiter	Ja ☐	
8.3	Maschinen	Ja ☐	
8.4	Bauverfahren	Ja ☐	
8.5	Baustoffe	Ja ☐	
8.6	Entsorgung	Ja ☐	

Tab 11.1 Baustellenschlussgespräch (Fortsetzung)

			Seite
8.7	Subunternehmer	Ja ☐	
8.8	Lieferanten	Ja ☐	
9	**Allgemeine Beurteilung des Bauvorhabens**		
10	**Zu veranlassende Maßnahmen**		

11	**Schulung**				
Name	Schulungsbereich		Extern	In-tern	Priori-tät 1–5

12	**Verteiler**	
☐ Handbuch	☐ Schulung	
☐ Fehlerkorrektur und -vorbeugung	☐ Elektronische Bauakte	
☐ Geschäftsleitung	☐ Lieferantenbeurteilung	
☐ Subunternehmerbeurteilung	☐	
13	**Datum und Unterschrift des Protokollführers**	

Unternehmen, die im Privatsektor Aufträge akquirieren, müssen in die Schlussbesprechung auch die Wirksamkeit und Qualität der eigenen Planung und Auftragsbeschaffung einbeziehen, also ähnliche Fragen stellen wie Landschaftsarchitekten.

Für Büros der Landschaftsarchitektur sind die Fragen anders zu stellen. Statt der Kolonnenzusammensetzung wird man nach dem Team fragen, statt nach Maschinen nach der technische Ausrüstung zum Beispiel mit CAD- und EDV-Programmen, statt nach Subunternehmern und Lieferanten wird man nach dem ausführenden Unternehmen oder nach Ingenieurbüros und Laboratorien fragen, mit denen man zusammenarbeitet. Wichtig ist dabei nur, dass in einer Checkliste alle Punkte aufgeführt sind, die Einfluss auf den Erfolg im weitesten Sinne haben.

11.2 Auswertung der Baustellenschlussbesprechung

Das Formblatt zum Baustellenschlussgespräch gibt Regeln für das weitere Vorgehen vor.

Allgemeine Beurteilung des Bauvorhabens
Die allgemeine Beurteilung des Bauvorhabens wird eher eine gefühlsmäßige Betrachtung sein. Zu betrachten sind wirtschaftlicher Erfolg und fachliche Leistung. Ein guter wirtschaftlicher Erfolg kann zum Beispiel eine Prämienzahlung auslösen, besondere Qualität eine hervorgehobene Erwähnung im internen Mitteilungsblatt. Zu diskutieren ist aber auch, ob Qualität und Ertrag in einem vernünftigen Verhältnis zueinander stehen, denn hohe Qualität ohne wirtschaftlichen Erfolg kann sich kein Unternehmen leisten. Zu besprechen ist auch, ob es sich bei aufgetretenen Problemen um grundsätzliche, das ganze Unternehmen betreffende Abweichungen handelt oder ob es nur für dieses Projekt geltende Abweichungen sind.

Zu veranlassende Maßnahmen
Für ein lernendes Unternehmen ist es selbstverständlich, dass aus Abweichungen von den Vorgaben Konsequenzen gezogen werden. Aus der Liste der Fragestellungen geht hervor, dass jeder der angesprochenen Punkte für Erfolg und Misserfolg ausschlaggebend sein konnte.

Schulung
Wird beispielsweise fehlende Qualifikation von Mitarbeitern oder Teamgefährten als eine Ursache von Abweichungen festgestellt, ist zu überlegen, ob und wie Mitarbeiter geschult werden können, um mangelnde Fähigkeiten und Fertigkeiten zu verbessern. Zu entscheiden ist also, welcher Mitarbeiter für welchen Bereich geschult werden muss, ob das intern oder extern erfolgen soll und wie wichtig diese Schulung ist. Sofern das Unternehmen einen Schulungsbeauftragten hat, wird ihm das Ergebnis der Beratung mitgeteilt (Verfahrensanweisung Schulung siehe GaLaBau-Organisationshandbuch).

Weitere Maßnahmen können zum Beispiel die Veränderung der Kolonnenzusammensetzung sein, die Überprüfung der Geräteausstattung, die Verbesserung der Arbeitsvorbereitung oder des Berichtswesens.

Bewertung des Netzwerkes
Weiter ist aus dem Formblatt abzuleiten, dass das Unternehmen im Rahmen der Schlussbesprechung eine Beurteilung der Lieferanten, Subunternehmer, aber auch des Auftraggebers und seines Landschaftsarchitekten erhält. Ein Beispiel für eine Lieferantenbewertung zeigt Tabelle 11.2. Das Ergebnis wird gesammelt und der Lieferant in die Kategorie 1, 2 oder 3 eingestuft. Diese Informationen fließen bei neuen Anfragen in die Beurteilung der Wirtschaftlichkeit eines neuen Projektes ein. Ein Lieferant der Kategorie 1 wird demnach bevorzugt in ein Projekt eingebunden.

Tab. 11.2 Lieferantenbeurteilung

Lieferant			
Art der Lieferung			
Bauvorhaben			
Projektnummer			
	Wichtung 1 = geringe Bedeutung 3 = hohe Bedeutung	Bewertung	
a	b	c	d
Kriterien 1 = sehr gut 5 = sehr schlecht	Eingabe Gewicht	Eingabe Note	Bewertung b × c
Preis	2	1	2
Qualität	3	2	6
Zuverlässigkeit	3	3	9
Pünktlichkeit	3	2	6
Flexibilität	2	4	8
Reklamationen 1 = ohne 5 = sehr viele	2	3	6
Σ	15		37
Bewertungsnote Lieferant (Summe d : Summe b)			2,47

Das Ergebnis der Beurteilungen und die Einstufung in eine Kategorie sollten auch Anlass für Gespräche mit Lieferanten, Subunternehmern, Maschinenhändlern, Ingenieurbüros, Laboren und Auftraggebern sein, um sie in das Nachhaltigkeitsproramm des Unternehmens einzubinden und damit die Wirksamkeit eines Netzwerkes zu verbessern.

Verbesserungsmaßnahmen
Weiterer Schritte auf dem Weg der Steigerung der technischen Qualität oder des Umweltschutzes ist das Umgehen mit Verbesserungsmaßnahmen. Beispiele für das Vorgehen bei innerbetrieblichen Verbesserungsmaßnahmen zeigt Tabelle 11.3.

Tab. 11.3 Technische Verbesserungsmaßnahme

Maßnahme	Erd- und Bodenarbeiten	
Verfahrensbe- schreibung	Bei Erd- und Bodenarbeiten wird Unter- oder Oberboden abgetragen, gefördert, zwischengelagert und wieder aufgetragen oder entsorgt	
Medium	Beschreibung der Umweltauswir- kung	Maßnahmen zur Umweltentlas- tung
Verdichtung	Durch die Bewegung der Bodenbe- arbeitungsgeräte wird der befah- rene Boden verdichtet. Dabei wird, insbesondere bei Bearbeitung in zu hohem Feuchtzustand, das Bo- dengefüge gestört oder vollstän- dig zerstört. Es tritt eine erhebli- che Beeinträchtigung der Vegeta- tion ein.	Erd- und Bodenarbeiten dürfen nur bei geeigneter Bodenfeuchte durchgeführt werden. Zur Ver- minderung des Bodendruckes sind Niederdruckreifen zu ver- wenden.
Kontamination	Durch Verlust von Öl und Fetten wird der Boden kontaminiert. Dies führt zu Pflanzenschädigungen und Belastungen des Grundwas- sers.	Regelmäßige Wartung. Ölwechsel auf undurchlässigen Flächen mit Auffangwannen.
Abfall	Überschüssiger Boden wird zu ei- ner Deponie gefahren mit der Fol- ge, dass Transporte notwendig werden und Deponieraum ver- braucht wird.	Umweltgerechte Höhenplanung, durch die ein Abtransport völlig vermieden werden kann.
Bemerkung		

11.3 Managementüberprüfung (Managementreview)

Für ein lernendes Unternehmen oder Landschaftsarchitekturbüro bleibt entscheidend, dass es die Erfahrungen der Mitarbeiter verwertet und zum Anlass nimmt, das Organisationssystem zu überprüfen und an neue Erfahrungen anzupassen mit dem Ziel, die Kundenwünsche optimal zu erfüllen und
wirtschaftlich erfolgreich zu sein.

Die DIN EN ISO 9001:2015 stellt die Forderung auf, in frei wählbaren
Abständen eine Bewertung des Unternehmens unter Einbezug aller Funkti-
onsbereiche vorzunehmen. Auch unabhängig von der Norm ist es überle-
benswichtig, das Unternehmen in geregelten Abständen zu bewerten und
Strategien für die Zukunft festzulegen. Das Ziel ist, eine Verbesserung insgesamt zu erzielen. Dabei sollen nicht nur wirtschaftliche Messgrößen einfließen, sondern auch sogenannte „weiche Faktoren" wie die Kundenzufriedenheit, die aber anhand von Zahlen zu objektivieren ist.

Die Managementbewertung ist ein elementarer Bestandteil des Hand-
lungsbereichs „Verantwortung der Leitung". Es wird geprüft, ob alle Mitarbeiter das System kennen und einhalten und ob es sich als geeignet erweist,
interne und externe Anforderungen zu erfüllen (vgl. LINSS 2004, S. 85).
Das Ziel der Managementbewertung ist die Überprüfung der Wirksamkeit

des Systems und die Einleitung und Durchsetzung von Verbesserungen (vgl. WAGNER 2005, S. 153). Letztlich geht es darum, aus Fehlern zu lernen und einen kontinuierlichen Verbesserungsprozess (KVP) zu institutionalisieren.

Der Managementreview basiert auf den Zusammenfassungen und Auswertung von Daten, die das Unternehmen innerhalb eines definierten Zeitraumes (meistens jährlich) gesammelt hat. Im Organisationshandbuch muss festgelegt werden, in welchen Abständen, zum Beispiel halbjährlich, ein Managementreview stattfinden soll, wo die Informationen aus den Schlussbesprechungen oder anderen Routinegesprächen wie wöchentlichen Bauleitergesprächen gesammelt, ausgewertet und aufbereitet werden und wer an diesem Review teilnehmen muss.

Als Erkenntnisquellen dienen:
- Protokolle der Baustellenschlussgespräche und deren Auswertung
- Protokolle von Bauleiterbesprechungen
- Erfahrungsberichte von durchgeführten Korrekturmaßnahmen
- Beanstandungen von Kunden
- Beanstandungen von Lieferanten
- Beanstandungen von Subunternehmern
- Betriebliche Kennzahlen
- Statistiken zu folgenden Feldern:
  - Mängelbeseitigung
  - Verstöße gegen Umweltvorschriften
  - Unfälle
  - Abfallbeseitigung
  - Energieverbrauch und Betriebsstoffe
  - Fehl- und Wartezeiten
  - Führungsfehler
  - Lieferantenfehler
  - Probleme mit Auftraggebern und Landschaftsarchitekten
  - Sonstige Abweichungen

Bewertet werden sollen folgende Punkte:
- Erreichung der gestellten Unternehmensziele
- Qualitätsstand des Unternehmens
- Umwelt-/Unternehmenskennzahlen
- Durchgeführte Mängelbeseitigungen
- Korrektur- und Vorbeugemaßnahmen
- Auswirkungen intern durchgeführter Überprüfungen
- Ausstattung mit Mitteln und Personal
- Qualitätsstand und Umweltverhalten von Lieferanten und Subunternehmern

Entscheidend sind dabei nicht das „Wie", sondern das Ergebnis und die Umsetzung in der Zukunft. Umsetzung bedeutet Fortschreibung des Handbuches und Information und Weiterbildung der Mitarbeiter.

11.3.1 Feststellung des Realisierungsgrades

Die Feststellung des Ist-Zustandes beziehungsweise des Realisierungsgrades kann mithilfe der beispielhaften Excel-Dateien nach den Tabellen 11.4 und 11.5 erfolgen. Das ist zunächst einmal rein subjektiv möglich, wenn kaum Aufzeichnungen vorhanden sind. Da auch in Fragen der Nachhaltigkeit Prioritäten gesetzt werden müssen, um ein Unternehmen nicht zu überfordern, wird für jeden Teilbereich die Priorität (3 Stufen) und der Realisierungsgrad (5 Stufen) erfragt beziehungsweise geschätzt. Die höchstmögliche Note ist dann 15. Für die Zukunft heißt das:

Hoher Stellenwert und hohe Realisierung: weiter so!
Die Aspekte haben für das Unternehmen einen hohen Stellenwert. Die Position weist auf eine gute bis sehr gute Realisierung hin. Das Unternehmen ist hier also auf dem richtigen Weg. Für die Zukunft ist darauf zu achten, dass hier nicht nachgelassen, sondern gegebenenfalls noch ausgebaut wird.

Hoher Stellenwert und niedrige Realisierung bedeutet zu schwach! Hier muss direkt etwas getan werden!
Die Aspekte haben für das Unternehmen einen hohen Stellenwert. Die Position weist auf eine niedrige bis mittlere Realisierung hin. Das bedeutet, dass direkte Maßnahmen ergriffen werden müssen, um die Schwachstellen rasch zu beseitigen.

Niedriger Stellenwert und hohe Realisierung heißt überprüfen!
Diese Aspekte haben für das Unternehmen einen niedrigen Stellenwert. Die Position weist auf einen hohen Realisierungsgrad hin. Es ist wahrscheinlich, dass viel Energie in Bereiche investiert wird, die nicht wichtig sind.

Niedriger Stellenwert und niedrige Realisierung bedeutet beobachten!
Diese Aspekte haben für das Unternehmen einen niedrigen Stellenwert. Die Position weist auf eine niedrige bis mittlere Realisierung hin. Es gilt, die einzelnen Aspekte im Auge zu behalten, da sich Stellenwert aber auch Realisierungsgrad verschieben können.

Die Gesamtbewertungsnote verdeutlicht den generellen Zustand der Nachhaltigkeitsbemühungen des Unternehmens. Alle Zahlen sind die Grundlage für Vergleiche im nächsten Jahr.

Tab. 11.4 Realisierungsgrad Nachhaltigkeit Abfall

Berichtsjahr			
	Wichtung	**Bewertung**	
	1 = geringe Bedeutung **3 = hohe Bedeutung**		
a	**b**	**c**	**d**
Kriterien **1 = sehr gut** **5 = sehr schlecht**	**Eingabe Gewicht** **1–3**	**Eingabe Note** **1–5**	**Bewertung** **b × c**
Sortierung Abfälle	2	5	10
Getrennte Abfallbehälter	1	5	5
Dokumentation der Abfälle nach Art und Menge	2	4	8
Sammlung aller Abfälle	3	2	6
Transport der Abfälle zum Entsorger und Betriebshof	2	4	8
Umweltgerechte Entsorgung	3	2	6
Abfallvermeidung bei Verpackung	3	2	6
Abfallvermeidung von Verschlag und Bruch	3	2	6
Toilette auf der Baustelle	3	2	6
Mitarbeiterschulung	3	3	9
Σ	25		70
Bewertungsnote Realisierungsgrad (Summe d : Summe b)			2,80
Bemerkungen			

Tab. 11.5 Realisierungsgrad Nachhaltigkeit Planung

Berichtsjahr			
	Wichtung	Bewertung	
	1 = geringe Bedeutung 3 = hohe Bedeutung		
a	b	c	d
Kriterien 1 = sehr gut, 5 = sehr schlecht	Eingabe Gewicht 1–3	Eingabe Note 1–5	Bewertung b × c
Ortsnahe Baustoffe	2	2	4
Ressourcen schonende Baustoffe	3	2	6
Recyclingbaustoffe	3	2	6
Heimische Gehölze	2	1	2
Nachhaltige Konstruktionen	3	1	3
Naturnahe Ansaaten	1	3	3
Biotopstrukturen	1	4	4
Bodenschutz	3	1	3
Schutz von Vegetation	3	1	3
Σ	21		34
Bewertungsnote Realisierungsgrad (Summe d : Summe b)			1,62
Bemerkungen			

11.3.2 Kenn- oder Vergleichszahlen

Branchenkennzahlen zu Umweltauswirkungen und Umweltleistungen gibt es nicht. Größere Unternehmen sollten die in Abschnitt 11.3.1 beschriebenen subjektiven Feststellungen mit Kenn- beziehungsweise Vergleichszahlen unterlegen und damit als sicheres Instrument für die zukünftige Entwicklung nutzen. Das ist zwar immer mit einem höheren Verwaltungsaufwand verbunden, aber ein sinnvolles Vorhaben. Auch hier sollten Prioritäten gesetzt werden. Tabelle 11.6 zeigt beispielhaft, welche Kennzahlen innerhalb eines Unternehmens sinnvollerweise gewonnen werden können.

Tab. 11.6 Erfassung von Nachhaltigkeitskennzahlen

Umwelt-auswirkung	Kennzahl	für	Art der Kenn-zahl	Dimension (Einheit)	Herkunft der Kennzahl
Feste Abfälle	Kosten der Abfall-beseitigung	Feste Abfälle gesamt	Gesamtmenge absolut	€	Kostenrechnung
	Problem- und Gefahrstoffmenge	Düngemittelreste	Gesamtmenge absolut	kg, l	Gefahrstoffver-zeichnis
		Pflanzenschutz-mittelreste			
		Verunreinigte Verpackungen*		€	Kostenrechnung
Abgase	Anteil der Fahr-zeuge gemäß Euro-5-Norm	Kraftfahrzeuge	Anteil am Ge-samtbestand		Anlagen-verzeichnis
	Treibstoffverbrauch	Gesamtbetrieb	Gesamtmenge absolut	€	Kostenrechnung
	Energieverbrauch**	Betriebshof			
Energie-verbrauch	Siehe auch unter Abgase				
	Biodieselanteil am Treibstoffverbrauch		Anteil am Ge-samtverbrauch		Kostenrechnung
Material/Reststoffe	Alternativangebote unter Umweltge-sichtspunkten	***	Anzahl aller Angebote	Anzahl St.	Büroorganisation
Störfälle mit Umweltbezug	Kosten der Störfälle		€ absolut	€	Nachkalkulation, Kostenrechnung
Störfälle mit Umweltbezug	Anzahl der Störfälle		Anzahl absolut	Anzahl, St.	Büroorganisation

* von Farben, Spritzmittelresten, Ölen, Fetten etc., soweit diese nicht an Lieferanten oder Hersteller zurückgege-
ben wurden
** Heizung, Strom
*** mit geringerem Materialverbrauch, mit längerer Lebensdauer, mit Ersatz des vorgesehenen Materials durch
Recyclingstoff oder Wiederverwendung ausgebauter Stoffe

11.3.3 Übertragung der Eingaben eines Managementreviews auf den Landschaftsbau

Die DIN EN ISO 9001:2015, S. 21, fordert, „dass die oberste Leitung das Qualitätsmanagementsystem der Organisation in geplanten Abständen be-wertet, um dessen fortdauernde Eignung, Angemessenheit und Wirksamkeit sicherzustellen. Diese Bewertung muss die Bewertung von Möglichkeiten für Verbesserungen des und den Änderungsbedarf für das Qualitätsmanage-mentsystem einschließlich der Qualitätspolitik und der Qualitätsziele ent-halten." Tabelle 11.7 zeigt, wie die geforderten Eingaben nach DIN EN ISO 9001 Managementreview auf die Jahresabschlussbewertung des Land-schaftsbaus übertragen werden können. Auch unabhängig von einem QM-

System ist es extrem wichtig, die eigenen Organisationsstrukturen in ange-
messenen Abständen, in der Regel einmal jährlich, zu überprüfen.

Tab. 11.7 Übertragung der Eingaben eines Managementreviews auf den Landschaftsbau

Eingaben nach DIN EN ISO 9001:2015, 9.3.2 Managementreview	Übersetzung auf den Landschaftsbau Jahresabschlussbewertung
Status vorangegangener Managementbewertungen	Vergleich mit früheren Bewertungen des Organisationsystems
Veränderungen, die das Managementsystem betreffen	Überprüfung und gegebenenfalls Korrektur des Organisationssystems
Daten zur Leistung und Wirksamkeit des Managementsystems (Erfüllung der Qualitätsziele, Prozessleistungen etc.)	Auswertung von Nachhaltigkeits-Checklisten und Baustellenschlussgesprächen. Schlusskontrollen/Abnahmen (sämtliche Aufzeichnungen)
Angemessenheit von Ressourcen	Auswertung von Nachhaltigkeits-Checklisten im Hinblick auf natürliche Ressourcen
Eignung der Maßnahmen in Bezug auf Risiken und Chancen	Überprüfung der Wirksamkeit von Eigenüberwachungsprüfungen/Qualitätssicherungsmaßnahmen; laufende Bewertung der eigenen Leistung; Jahres-Checkliste erstellen
Möglichkeiten der Verbesserung	Mitarbeitergespräche zu Verbesserungsmaßnahmen; Überprüfung bisheriger Maßnahmen
Status-, Fortschritts- und Ergebnisberichte	Auswirkungen von durchgeführten und geplanten Neuerungen (z. B. neues EDV-System, neue Mitarbeiter, neue Produkte)
Kennzahlen (KPI)	Kennzahlen auswerten
Risikobetrachtungen, Reklamationsstatistiken	Reklamationen auswerten; Organisationssystem anpassen
Ergebnisse von Marktbeobachtungen	Markt beobachten und gegebenenfalls Strategien ändern
Auswertungen internes Vorschlagwesen	Vorschläge für Verbesserungsmaßnahmen (z. B. aus dem betrieblichen Vorschlagswesen; Anregungen von Mitarbeitern)
Auswertungen von Kundenzufriedenheitsanalysen	Kundenzufriedenheitsanalyse; Mängel-/Reklamationsanzeigen; Baustellenabschlussgespräche mit AGs

12 Nachhaltige Grünflächenpflege und -entwicklung

Das Thema „nachhaltige Grünflächenpflege", das eine neue Sichtweise erfordert, ist in der Branche bisher weder von der Seite der Praxis noch von der Wissenschaft systematisch behandelt worden. In den wenigen Veröffentlichungen, die es auf diesem Gebiet gibt, zeigt sich die Tendenz, dass nachhaltige Pflege häufig nur in einer Umwandlung zu einer naturnahen Anlage gesehen wird. Das ist aber zu kurz gegriffen, denn auch Grünflächen, die der Repräsentation dienen und einen entsprechend hohen Pflegeaufwand beanspruchen, erfüllen im Gesamtsystem einen Nachhaltigkeitsbeitrag. Skeptisch zu betrachten sind in diesem Zusammenhang aber Modeerscheinungen wie Kies- oder Schottergärten, die eine ökologische Verarmung darstellen. Glücklicherweise hilft sich auch hier die Natur durch natürliche Veränderungen, wie Algen- und Moosbildungen, Staubanlagerungen, Vererdung von Laub und Entwicklung von Spontanvegetation.

12.1 Grünflächenpflegemanagement – Dynamische Pflege und Entwicklung

Das globale Thema Grünflächenpflege wurde erstmals im Rahmen der „Fachbibliothek grün" im Verlag Eugen Ulmer mit dem Buch „Grünflächen-Pflegemanagement" (NIESEL 2011) aufgegriffen. Das Buch trägt den Untertitel „Dynamische Pflege von Grün". Mit diesem Begriff soll der Unterschied zwischen einer Immobilie und einer Grünfläche, aber auch der Unterschied zwischen der üblichen statischen Grünflächenpflege zu einer dynamischen deutlich gemacht werden. Immobilien – abgeleitet aus dem Lateinischen immobil (unbeweglich) – sind gebaute Liegenschaften, die nach ihrer Erstellung unveränderlich (immobil) sind. Grüne Freiflächen sind dagegen auf Veränderung (mobil) hin angelegt. Pflanzen treiben aus, blühen, werfen Laub ab oder ziehen ein. Diese Veränderung im Jahresverlauf vom Frühjahr bis zum Winter wird von den Nutzern bewusst wahrgenommen. Weniger wahrgenommen wird, dass die Pflanzen wachsen, ihre Gestalt, ihr Volumen verändern, dass sich ihre Wertigkeit für das Gesamtbild verschiebt. Noch weniger wird die Veränderung des Nutzerverhaltens, des Umganges mit der grünen Freianlage wahrgenommen. Die Folgen dieser Veränderungen bedürfen der ordnenden und weiterführenden Hand des Fachmannes, der die Dynamik der Entwicklung so leitet und umsetzt, dass sowohl die ästhetischen und funktionalen Ansprüche als auch die ökonomischen Notwendigkeiten zu ihrem Recht kommen. Beide schließen sich nicht aus, sondern bedingen einander.

JUNKER definiert in dem oben erwähnten Buch die dynamische Pflege wie folgt (NIESEL 2011, S. 59): „Dynamische Grünflächenpflege basiert auf der Konzeption eines über mehrere Jahre zu entwickelnden Leitbildes für eine bestehende oder in Planung befindliche Freianlage. Im Gegensatz zur klassischen Pflege von Außenanlagen bedeutet die dynamische Pflege eine Definition des Zielbildes und der davon abgeleiteten Pflegeziele unter Berücksichtigung des aktuellen Erscheinungsbildes. Über den definierten Zeitraum (in der Regel 5 Jahre) ist stufenweise eine Umsetzung der Ziele vorgesehen, wobei es gilt, eine Strategie zur nachhaltigen Kostensicherheit zu entwickeln. Nach Ablauf dieser Zeitspanne sind die Voraussetzungen im Rahmen von Begehungen, Auswertung von Befragungen und Einschaltung von Beratern zu überprüfen. Das Ergebnis wird unter Beachtung neuer Entwicklungen die Neubestimmung des Zielbildes und der Pflegeziele sein. Auch notwendige einmalige Eingriffe oder Umbauten mit dem Ziel der Pflegevereinfachung sind festzulegen.

Konkret heißt das z. B. für eine Rasenfläche, dass wenig oder überhaupt nicht benutzte Flächen aus der intensiven Pflege entlassen und einer geringeren Pflegestufe bis zur Verwilderung zugeführt werden würden. Auch Wegeflächen, die nicht oder kaum benutzt werden, könnten zurückgebaut oder aus der regelmäßigen Reinigung entlassen werden.

Die notwendigen Entscheidungsprozesse lassen sich in vier Arbeitsschritte unterteilen:
- Bestandsqualitäten,
- Zielformulierung,
- Maßnahmen und
- Anpassung."

Aufgrund der Vielfalt von grünen Freianlagen ist ein generelles Schema für eine nachhaltige Pflege und Unterhaltung nicht möglich. Es muss immer sehr individuell gehandelt werden. Dabei gelten alle Kriterien, die bisher genannt wurde, sinngemäß auch für Pflege und Unterhaltung.

12.2 Pflegeziel

12.2.1 Vegetation

Nachhaltige dynamische Pflege ist vorrangig darauf ausgerichtet, ein gesundes Pflanzenwachstum zu fördern und die Dynamik des Wachsens und Vergehens fachgerecht zu begleiten. Das setzt grundsätzlich voraus, dass durch fachgerechte Bepflanzungsplanung die Standortvoraussetzungen und die Ansprüche der gewählten Pflanzen übereinstimmen. Abweichungen von dieser Leitlinie, zum Beispiel durch Verwendung von nicht winterfesten Pflanzen, können durch Sondermaßnahmen überdeckt werden, sollten aber im Interesse der Nachhaltigkeit vermieden werden.

Gegenüber der durch Regelleistungen bestimmten Grünflächenpflege gilt es bei der nachhaltigen Pflege Ziele zu definieren, die die Grünfläche als globales Element betrachten. Das bedeutet beispielsweise, dass natürliche Prozesse zugelassen, also Ansamungen beobachtet und in bestimmten Bereichen zugelassen oder angesamte Kräuter im Rasen geduldet werden. Eingriffe in die Dynamik des Wachsens und Veränderns folgen also einem Nachhaltigkeitsziel, das sowohl Flora als auch Fauna im Blick hat.

12.2.2 Bauliche Einrichtungen

Im Gegensatz zum Wachstum der Vegetation beginnt nach der Erstellung von Wegen, Mauern, Pergolen, Wasseranlagen und anderen baulichen Einrichtungen deren natürliche Alterung. Einflüsse verschiedenster Art beginnen ihr Werk, das sich zum Beispiel im Moos- und Algenbefall, in der Entwicklung von Fugenvegetation und Materialzersetzungen zeigt. Diese Alterung (Patina) hat ihren Reiz und bietet dem Nachhaltigkeitsgedanken wichtige Chancen. Fugenvegetation auf Wegen und Mauern ist durchaus spannend und bietet der Fauna Lebensmöglichkeiten. Offene Mauerfugen bieten Unterschlupf für viele Tiere.

Unabdingbar ist die Beseitigung von Gefahrenquellen, die sich aus der Veralgung und Vermoosung von Wegen und Treppen ergibt. Durch entsprechende Pflege- und Säuberungsmaßnahmen lässt sich die Alterung verlangsamen. Das Hinauszögern erforderlicher Maßnahmen bedeutet immer eine Verteuerung späterer Sanierungen.

12.2.3 Pflanzenschutz

Ein besonderes Kapitel in der Pflege von Freianlagen ist bezogen auf Nachhaltigkeit der Umgang mit Krankheiten und Schädlingen. Generell ist festzustellen, dass Schädlingsbefall durch falsche Pflanzenauswahl und schlechte Standortbedingungen begünstigt wird. Der Bundesverband Garten-, Landschafts- und Sportplatzbau (BGL) hat in einer Broschüre unter dem Titel „Sektorspezifische Leitlinie zum integrierten Pflanzenschutz im Garten-, Landschafts- und Sportplatzbau" Grundsätze im Umgang mit dieser Problematik definiert. Daraus wird nachstehend zitiert (leicht verändert): „Der integrierte Pflanzenschutz (s. Abb. 12.1) ist das Leitbild des praktischen Pflanzenschutzes im Garten-, Landschafts- und Sportplatzbau. Landschaftsgärtner verpflichten sich, nach den Prinzipien des integrierten Pflanzenschutzes zu arbeiten. Dieser ganzheitliche Ansatz fordert ein komplexes Vorgehen. Vorbeugende Maßnahmen haben Vorrang vor Bekämpfungsmaßnahmen. Integrierte Pflanzenschutzmaßnahmen im Garten-, Landschafts- und Sportplatzbau erfordern konkrete Abstimmungen mit Bauherren und Auftraggebern. Als wissensbasiertes Konzept setzt der integrierte Pflanzenschutz auf neue wissenschaftliche Erkenntnisse und stellt hohe Anforderungen an die Bereitstellung und Umsetzung standortbezogener Informationen. Eine fachgerechte Pflege nach den Grundsätzen des integrierten Pflanzenschutzes ist schließlich notwendig, um die Gestaltungsabsicht, die Funktionalität, die historischen und gartenkulturellen Werte einer Grünanlage zu

Abb. 12.1 Das Konzept des integrierten Pflanzenschutzes – indirekte Maßnahmen (Vorbeugung) bilden die Grundlage für erfolgreiches Kultivieren, direkte Maßnahmen (Bekämpfung) basieren darauf (nach BGL 2015)

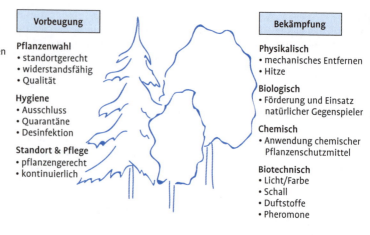

Vorbeugung

Pflanzenwahl
• standortgerecht
• widerstandsfähig
• Qualität

Hygiene
• Ausschluss
• Quarantäne
• Desinfektion

Standort & Pflege
• pflanzengerecht
• kontinuierlich

Bekämpfung

Physikalisch
• mechanisches Entfernen
• Hitze

Biologisch
• Förderung und Einsatz natürlicher Gegenspieler

Chemisch
• Anwendung chemischer Pflanzenschutzmittel

Biotechnisch
• Licht/Farbe
• Schall
• Duftstoffe
• Pheromone

erhalten, um deren Leistungsfähigkeit und Nutzbarkeit zu sichern und um die Kosten gering zu halten.

Die Vorbeugung und Bekämpfung von Schadorganismen sollten neben anderen Optionen insbesondere wie folgt erreicht oder unterstützt werden:
• Standortgerechte Auswahl von Pflanzen
• Gegebenenfalls Verwendung resistenter/toleranter Sorten und von Standardsaat und -pflanzgut/zertifiziertem Saat- und Pflanzgut
• Anwendung ausgewogener Dünge-, Kalkungs- und Bewässerungs-/Dränageverfahren
• Vorbeugung gegen die Ausbreitung von Schadorganismen durch Hygienemaßnahmen (zum Beispiel durch regelmäßiges Reinigen der Maschinen und Geräte)
• Schutz und Förderung wichtiger Nutzorganismen, zum Beispiel durch geeignete Pflanzenschutzmaßnahmen oder die Nutzung ökologischer Infrastrukturen innerhalb und außerhalb der Anbau- oder Produktionsflächen

Chemische Pflanzenschutzmittel sollten nur in Sonderfällen eingesetzt werden. Vor ihrem Einsatz sollte geprüft werden, ob durch geeignete Pflegemaßnahmen der Befall reduziert oder ganz vermieden werden kann:

Vorbeugende Maßnahmen
Vorbeugende Maßnahmen sind beispielsweise das Beregnen der Ansaatflächen bei Trockenheit oder eine ausreichende und kontinuierliche Nährstoffversorgung zur Förderung der gewünschten Vegetation im Rahmen der Fertigstellungspflege.

Standortgerechte Pflanze
Standortgerechte Auswahl von Pflanzenarten und -sorten. Es werden vorzugsweise solche Arten und Sorten ausgewählt, die Toleranz- oder Resistenzeigenschaften gegenüber wichtigen standortspezifischen Schadorganismen aufweisen. Die Bodenbearbeitung erfolgt standortangepasst und schonend, sodass der Befall durch Krankheiten und Schädlinge nicht gefördert wird.

Geeignete Substrate und Hygienemaßnahmen auswählen
Durch geeignete Substrate und Maßnahmen der Hygiene werden die Voraussetzungen für gesunde und wüchsige Pflanzen geschaffen.

Saat- und Pflanzzeiten berücksichtigen
Die Saat- und Pflanzzeiten werden so gewählt, dass der Befall durch Schadorganismen nicht gefördert wird und gute Wachstums- und Entwicklungsmöglichkeiten gegeben sind.

Fachgerechte Schnitt- und Pflegemaßnahmen
Schnitt- und Pflegemaßnahmen werden fachgerecht und situationsbezogen durchgeführt. Rückschnitt und Auslichtung können den Schädlingsbefall reduzieren und für einen harmonischen Neuaustrieb sorgen.

Bedarfsgerechte Nährstoffversorgung
Die Nährstoffversorgung der Pflanzen sollte ausgewogen und an den Bedarf anpasst sein. Unausgeglichene Düngung fördert den Befall durch Schadorganismen.

Pflanzenstärkungsmittel gezielt einsetzen
Um die Abwehrkräfte der Pflanzen gegenüber Schadorganismen zu steigern, spielen Pflanzenstärkungsmittel eine zunehmend wichtige Rolle. Sie sind weitgehend natürlichen Ursprungs und enthalten keine chemischen oder synthetischen Inhaltsstoffe. Besonders der günstige Einfluss auf die Vitalität der Pflanzen sollte bei der Anwendung von Pflanzenstärkungsmitteln im Vordergrund stehen.

Umgang mit Schädlingsbekämpfungsmitteln
Im Umgang mit Schädlingsbekämpfungsmitteln sollten folgende Grundsätze beachtet werden:
- Bestände überwachen und Schaderregerbefall ermitteln: Dazu zählen Beobachtungen vor Ort im Rahmen von Pflegeleistungen, Systeme für wissenschaftlich begründete Frühdiagnosen sowie die Einholung von Ratschlägen beruflich qualifizierter Berater. Die Sachkunde im Pflanzenschutz ist grundlegend von herausragender Bedeutung.
- Schwellenwerte und andere Entscheidungshilfen anwenden: Auf der Grundlage der Überwachungsergebnisse entscheiden, ob und wann Pflanzenschutzmaßnahmen eingesetzt werden. Solide und wissenschaftlich begründete Schwellenwerte sind wesentliche Komponenten der Entscheidungsfindung. Bei der Entscheidung über eine Behandlung gegen Schadorganismen sind – wenn möglich – die für die betroffene Region, die spezifischen Gebiete, die Kulturpflanzen und die besonderen klimatischen Bedingungen festgelegten Schwellenwerte zu berücksichtigen.
- Nichtchemische Maßnahmen anwenden: Nachhaltigen biologischen, physikalischen und anderen nichtchemischen Methoden ist der Vorzug vor chemischen Methoden zu geben. Dies gilt dann, wenn sich mit diesen Methoden ein zufriedenstellendes Ergebnis bei der Bekämpfung von Schädlingen erzielen lässt.

- Pflanzenschutzmittel gezielt auswählen: Pflanzenschutzmittel müssen zielartenspezifisch eingesetzt werden und geringe Nebenwirkungen auf Gesundheit, Nichtzielorganismen und Umwelt haben.
- Notwendiges Maß einhalten: Der berufliche Verwender sollte den Einsatz von Pflanzenschutzmitteln und anderen Bekämpfungsmethoden auf das notwendige Maß begrenzen. Dies geschieht durch Verringerung der Aufwandmenge, verringerte Anwendungshäufigkeit oder Teilflächenanwendung, wobei zu berücksichtigen ist, dass die Höhe des Risikos für die Vegetation akzeptabel sein muss und das Risiko der Entwicklung von Resistenzen in den Schadorganismen nicht erhöht werden darf.
- Pflanzenschutzmittelanwendungen aufzeichnen, Erfolg überprüfen und Vorschriften beachten: Der berufliche Verwender muss auf der Grundlage der Aufzeichnungen über Pflanzenschutzmittelanwendungen und der Überwachung von Schadorganismen den Erfolg der angewandten Pflanzenschutzmaßnahmen überprüfen. Pflanzenschutzmittel dürfen nach § 12 PflSchG einzeln oder gemischt mit anderen nur angewandt werden,
  - wenn sie zugelassen sind,
  - die Zulassung nicht ruht,
  - nur in den in der Zulassung festgesetzten, jeweils gültigen Anwendungsgebieten,
  - entsprechend den in der Zulassung festgesetzten, jeweils gültigen Anwendungsbestimmungen."

Pflanzenschutz: Stichworte
- Sachkundenachweis (Pflicht seit 26.11.2015) erforderlich für Personen, die beruflich zugelassene Pflanzenschutzmittel anwenden.
- Fortbildung durch Teilnahme an einer anerkannten Fortbildungsmaßnahme innerhalb eines Zeitrahmens von drei Jahren ist Pflicht.
- Pflanzenschutzmittel dürfen nur auf gärtnerisch genutzten Flächen angewandt werden. Anwendung ist untersagt für Nichtkulturland (Straßen, Wege, Plätze, Hof- und Betriebsflächen, Sportanlagen, Gewässer).
- Dokumentationspflicht durch Aufzeichnung der durchgeführten chemischen Pflanzenschutzmaßnahme. Inhalt: Name des Anwenders, Anwendungsfläche, Anwendungsdatum, verwendetes Pflanzenschutzmittel, Aufwandmenge und Anwendungsgebiet (Kultur).
- Anwenderschutz insbesondere durch Schutzkleidung, Schutzmaske beziehungsweise Vollmaske.
- Wiederbetretungsfristen beachten.
- Pflanzenschutzgeräte in dreijährigem Rhythmus von amtlich anerkannten Kontrollwerkstätten überprüfen lassen (Prüfplakette).

Weitere Informationen sind in der Broschüre „Pflanzenschutz-Ratgeber Garten- und Landschaftsbau – Öffentliches Grün und Dienstleistungsgartenbau" (Herausgeber Pflanzenschutzämter Berlin, Bremen, Hamburg, Mecklenburg-Vorpommern, Niedersachsen und Schleswig-Holstein) enthalten.

12.3 Nachhaltige private Kundenbetreuung

Aufgrund der Dynamik einer grünen Freianlage, zum Beispiel eines Gartens, ist es sinnvoll und letztendlich auch notwendig, Kunden nach Fertigstellung der Leistung des Garten- und Landschaftsbaus in den Folgejahren weiter zu betreuen. Damit soll gesichert werden, dass der Kunde umweltgerecht und nachhaltig mit der erstellten Freianlage umgeht. Für einen nachhaltigen Garten sind besonders wichtig:

- Richtiger Einsatz von Düngemitteln
- Richtiger Einsatz von Pflanzenschutzmitteln
- Richtige Beregnung
- Förderung der Blühwilligkeit von Gehölzen und Stauden durch gezielte Schnitt-, Teilungs- und Pflegemaßnahmen
- Förderung von Fruchtansatz
- Unterschlupfmöglichkeiten, zum Beispiel für Igel
- Nistkästen

Im Internet kann ein Gartenbesitzer viele Pflegetipps finden. Diese sind aber immer sehr allgemein gehalten und können die besonderen Erfordernisse des jeweiligen Gartens nicht abbilden. Eine spezielle Pflegeanleitung bietet dem Kunden, der in der Regel kaum über eigene Kenntnisse zur Entwicklung und Unterhaltung von Freianlagen verfügt, daher den richtigen Einstieg in eine nachhaltige Pflege seines Gartens. In dieser Pflegeanleitung müssen die Ziele (Leitbild) dieser Pflegmaßnahmen definiert werden. Die Pflegeziele können sehr unterschiedlich sein. Beispielhaft seien genannt:

- Leichte, mittlere oder auch starke Verwilderung
- Bestanderhaltende Pflege
- Entwickelnde Pflege nach einem bestimmten Leitbild

12.3.1 Statusbericht Garten

Der nächste Schritt ist das Angebot an den Kunden, in bestimmten Abständen, beispielsweise alle zwei Jahre, eine gemeinsame Begehung des Gartens durchzuführen. Dabei ist es sinnvoll, eine Checkliste zu verwenden, die dem Kunden vor Augen führt, welche Maßnahmen notwendig sind, um die Nachhaltigkeit des Gartens zu sichern. Die Funktionserfüllung wird dabei prozentual abgeschätzt. Damit wird auch ausgedrückt, wie sich der Garten verändert und ob in Zukunft regulierende Maßnahmen erforderlich werden. Dem Kunden muss bei diesem Gespräch auch deutlich gemacht werden, dass verspätet ausgeführte Leistungen schwerer und damit teurer werden und das Gleichgewicht stärker stören als behutsame Eingriffe zur rechten Zeit. Da sich familiäre Verhältnisse ändern, wird auch über Nutzungsänderungen nachzudenken sein. Neue Wünsche könnten zum Tragen kommen, wie eine Vogeltränke oder eine neue Nistgelegenheit, eine weitere Sitznische oder eine Grillecke. Tabelle 12.1 zeigt ein Beispiel einer solchen Checkliste.

Tab. 12.1 Nachhaltigkeits-Checkliste

Hausgarten:			Datum:
Zustand	**Abweichung vom Pflegeziel in %**	**Notwendige Maßnahme**	
Bäume			
Gehölze			
Stauden			
Rosen			
Blumenzwiebel			
Bodendecker			
Kübelpflanzen			
Rasen			
Einfriedung			
Stufen/Treppen			
Gartenwege			
Terrasse			
Einrichtungen			
Wasseranlage			
Bewässerung			
Beleuchtung			
Rankgerüste			
Nistkästen			
Sonstiges			
Neophyten			
Ansamungen			
Kräuter/Gräser			
Veränderungswünsche			
Unterschriften			

12.3.2 Maßnahmenplan Garten

Aus den Ergebnissen der Checkliste ist ein Maßnahmenplan abzuleiten (s. Tab. 12.2). Er enthält eine Beschreibung des jeweiligen Zustandes und die daraus abzuleitenden Maßnahmen. Diese kann der Kunde zu großen Teilen auch selbst erledigen, sofern er aber fachmännische Hilfe braucht, wird ihm ein Angebot unterbreitet. Sinnvoll ist es, auch einen Folgetermin in ein oder zwei Jahren zu vereinbaren.

Tab. 12.2 Maßnahmenplan Garten　　　　**Datum:**

Medium	Beschreibung des Zustandes	Maßnahmen zur Erhaltung der Nachhaltigkeit
Gehölze	Gehölze stehen derzeit zu eng, sodass ihr Habitus nicht zur Wirkung kommt und die Blühwilligkeit leidet.	Gehölze auslichten durch Rodung von Füllern. Freistellung der Standgehölze.
Gehölze	Rhododendron zeigen leicht gelbliche und kleine Blätter.	Düngung mit organischem Dünger für Immergrüne. Abdeckung der Wurzelbereiche mit Mulch.
Rasen	Rasen zeigt an schattigen Stellen Moos. Nach Bekämpfung stellt sich Moos wieder ein.	Moos könnte toleriert werden. Wird Moos nicht toleriert, sollten schattenverträgliche Bodendecker gepflanzt werden.
Nistkästen	Nistkästen sind nicht gesäubert.	Nistkästen säubern.
Ansamungen	In der Staudenfläche und in der Hecke haben sich Gehölze angesamt.	Ansamungen entfernen.
Maßnahmen: Angebot ausarbeiten bis		
Nächster Begehungstermin		

12.4 Nachhaltige öffentliche Kundenbetreuung

Wenn ein Unternehmen Pflegeleistungen im öffentlichen oder gewerblichen Bereich übernommen hat, wird in der Regel vom Auftraggeber ein bestimmtes Pflegeprogramm festgelegt. Dieses Pflegeprogramm richtet sich in der Regel nach der jeweiligen Pflegeklasse, zum Beispiel:

Pflegeklasse 1, intensiv
- Pflegezustand nach gärtnerischer Fachkunde optimal
- Verkehrssicherheit ständig gewährleistet
- Substanzerhaltung ständig gewährleistet, erhöhter Einsatz der Sach- und Personalmittel
- Ökologische Funktionsfähigkeit gewährleistet
- Vorgegebener Anlagencharakter gesichert

Pflegeklasse 2, Standard
- Pflegezustand in der Regel optimal
- Verkehrssicherheit ständig gewährleistet
- Substanzerhaltung in der Regel gewährleistet, wirtschaftlicher Einsatz der Sach- und Personalmittel
- Ökologische Funktionsfähigkeit gewährleistet
- Vorgegebener Anlagencharakter gesichert

Pflegeklasse 3, Standard reduziert
- Pflegezustand eingeschränkt
- Verkehrssicherheit ständig gewährleistet
- Substanzverluste durch Reduzierung der Sach- und Personalmittel (Folgekosten)
- Ökologische Funktionsfähigkeit beeinträchtigt
- Vorgegebener Anlagencharakter beeinträchtigt

Pflegeklasse 4, extensiv
- Pflegezustand schlecht
- Verkehrssicherheit gewährleistet
- Nur noch geringe Substanzerhaltung, Folgekosten unabwendbar
- Ökologische Funktionsfähigkeit stark gefährdet
- Vorgegebener Anlagencharakter zum Teil nicht mehr gewährleistet

In Regel wird ein starres Pflegeprogramm vorgegeben. Dabei handelt es sich um Routineleistungen wie Rasenmahd, Rückschnitt von Rosen, Hecken oder Gehölzen, Pflege von Stauden- und Sommerblumenbeeten. Hinzu kommen Säuberungsleistungen für Wege und Plätze. Da Grün- und Freiflächen dynamischen Prozessen des Wachsens und veränderten Nutzungsformen unterworfen sind, muss schon aus Kostengründen rechtzeitig auf Veränderungen reagiert werden. Ein Beispiel sind Gehölzansamungen in Hecken oder Gehölzstreifen, die bei zu später Entfernung erhebliche Kosten verursachen. Ein weiteres Beispiel sind Gehölzpflanzungen, bei denen ein zu dichter Stand nachteilige Folgen für Wachstum und Blüte hat. In solchen Fällen sind Auslichtungsrodungen zu empfehlen. Ohne großes Zutun aller Beteiligten können sich auch Biotopstrukturen entwickeln, die erkannt und auf Dauer unterstützt werden sollten. Weil die Pflegedienstleistenden ständig in diesem Objekt tätig sind, sind sie mit den einzelnen Veränderungen vertraut und damit authentische Informanten.

12.4.1 Statusbericht Pflegebezirk

Unternehmen sind deshalb gut beraten, im Interesse der Nachhaltigkeit der Freianlage und auch im Interesse des Kunden am Jahresende einen Statusbericht zu erstellen und, wenn möglich, auch den Kunden selbst in die Erstellung eines solchen Berichtes einzubeziehen. Tabelle 12.3 zeigt ein Beispiel einer solchen Checkliste, in die auch spezielle Bereiche der jeweiligen Pflegestelle aufgenommen werden sollten.

Tab. 12.3 Nachhaltigkeits-Checkliste Pflegebezirke

Statusbericht Pflegebezirk:			Datum:
Zustand	**Abweichung vom Pflegeziel in %**	**Notwendige Maßnahme**	
Bäume			
Gehölze			
Stauden			
Rosen			
Blumenzwiebel			
Bodendecker			
Kübelpflanzen			
Rasen			
Einfriedung			
Stufen/Treppen			
Wege/Straßen			
Sitz-/Spielplätze			
Einrichtungen			
Wasseranlage			
Bewässerung			
Entwässerung			
Beleuchtung			
Rankgerüste			
Nistkästen			
Sonstiges			
Neophyten			
Ansamungen			
Kräuter/Gräser			
Nutzungsänderungen			
Veränderungshinweise/erkennbare Nutzungsänderungen			
Unterschriften			

12.4.2 Maßnahmenplan Pflegebezirk

Ein Auftraggeber, der die dynamischen Prozesse einer grünen Freianlage verstanden hat, wird aus diesem Statusbericht die notwendigen Maßnahmen ableiten und Pflegeziele neu definieren und bisherige Maßnahmen korrigieren. Der pflegende Unternehmer kann seinen Auftraggeber mit einer qualifizierten Beratung und einem Angebot unterstützen.

12.5 Grundsätze nachhaltiger Pflege

Grundsätzlich gelten auch für den Pflegebereich alle Maßnahme nachhaltigen Handelns, die für die Realisierungsphase gegolten haben. Sie beziehen sich sinngemäß auch auf die Maschinen und Geräte, die bei der Pflege eingesetzt werden.

Einige Grundsätze nachhaltiger dynamischer Pflege sind:

- Pflegemaschinen sollten besonders geräuscharm sein
- Handarbeit geht nach Möglichkeit vor Maschinenarbeit, zum Beispiel bei der Laubräumung, bei der Blasgeräte einen erheblichen Geräuschpegel besitzen
- Organische Masse sollte so weit wie möglich im Pflegebereich belassen werden, zum Beispiel Rasenmahd ohne Aufnahme des Schnittgutes, Laub in Gehölzflächen einbringen, Schnittgut häckseln und als Mulch verwenden oder kompostieren
- Sparsam düngen beziehungsweise ganz auf Düngung verzichten. Wenn gedüngt werden soll, möglichst organische Dünger verwenden
- Chemischen Pflanzenschutz minimieren beziehungsweise ganz darauf verzichten
- Herbizidverwendung ausschließen
- Biodiversität fördern durch Zulassen von natürlichen Veränderungen
- Beregnung minimieren und auf den tatsächlichen Bedarf abstimmen
- Auslichtungsrodungen haben Vorrang vor ständigen Rückschnitten
- Überprüfung der Pflegeleistungen auf Wirksamkeit
- Korrektur der Pflegeleistungen zur Anpassung an Veränderungen

12.6 Grundsätze nachhaltiger Entwicklung

In der Nachhaltigkeits-Checkliste wird auch nach Nutzungsänderungen gefragt. Das bezieht sich im Hausgarten zunächst auf familiäre Entwicklungen, insbesondere durch das Heranwachsen der Kinder und deren verändertes Nutzungsverhalten. Ein Sandkasten wird nur für eine bestimmte Zeit gebraucht, ebenso verhält es sich mit Spielgeräten und anderen Einrichtungen. Daneben gibt es aber auch veränderte Nutzungswünsche, beispielsweise durch berufliche Veränderungen, Einkommensveränderungen oder Anregungen von verschiedenen Seiten – seien es neue Elemente wie Wasseranlagen, zusätzliche Sitzplätze, eine Sauna oder ein verändertes ökologisches Bewusstsein zu mehr Naturnähe. In all diesen Fällen ist sorgfältiges Planen unter Beachtung der Nachhaltigkeit und nachhaltiges Bauen im Bestand gefordert, denn durch diese Eingriffe sollen der vorhandene Pflanzenbestand und auch die baulichen Elemente in der Regel so wenig wie möglich beeinträchtigt und im Idealfall die Nachhaltigkeit erhöht werden. Verbunden mit dem Umbau oder auch ökologischen Veränderungswünschen ist das immer eine neue Zieldefinition für die weitere Pflege.

Für den öffentlichen Bereich, in dem der Landschaftsbauer als Pflegedienstleister tätig ist, können die Hinweise auf erkannte Nutzungsänderungen oder -schwerpunkte Vertrauen aufbauen und zu Pflegeveränderungen oder Erweiterungs- beziehungsweise Folgeaufträgen führen. Umbaumaßnahmen in Bestand erfordern auch hier nachhaltiges Handeln zur Schonung vorhandener Strukturen.

Literaturverzeichnis

BARTELS, A. (2008): Technische Vertragsgestaltungen bei PPP-Projekten für Sportanlagen im Freien. Diplomarbeit an der Hochschule Osnabrück. Bauen im Lebenszyklus, Initiative kostengünstig qualitätsbewusst Bauen. www.check-bauen.de (abgerufen am 08.04.2016).

BAUMAST, A./PAPE, J. (2013): Betriebliches Nachhaltigkeitsmanagement. Verlag Eugen Ulmer/UTB, Stuttgart.

BBR – Bundesamt für Bauwesen und Raumordnung (2013): Leitfaden Nachhaltiges Bauen. Herausgegeben im Auftrag des Bundesministeriums für Verkehr, Bau und Wohnungswesen. Stand Januar 2002, 2, Nachdruck (mit redaktionellen Änderungen).

BGL – Bundesverband Garten-, Landschafts- und Sportplatzbau e. V. (1998): Umweltleitfaden für den Garten-, Landschafts- und Sportplatzbau. Broschüre, Eigenverlag, Bad Honnef.

BGL – Bundesverband Garten-, Landschafts- und Sportplatzbau e. V. (2002): „GaLaBau-Organisationshandbuch Qualität, Umwelt, Wirtschaftlichkeit".

BGL – Bundesverband Garten-, Landschafts- und Sportplatzbau e. V. (2015): Pflanzenschutz-Ratgeber Garten- und Landschaftsbau.

BGL – Bundesverband Garten-, Landschafts- und Sportplatzbau e. V. (2016): Sektorspezifische Leitlinie zum integrierten Pflanzenschutz im Garten-, Landschafts- und Sportplatzbau.

BMBau (1994): Richtlinien für die ingenieurtechnische Überwachung baulicher Anlagen (Entwurf), Bonn.

BMU – Bundesumweltministerium (2009): Dem Klimawandel begegnen. Die Deutsche Anpassungsstrategie.

BMUB – Bundesministerium für Umwelt, Naturschutz, Bau und Reaktorsicherheit (2016): Bewertungssystem Nachhaltiges Bauen (BNB) Außenanlagen. Berlin.

BMUB – Bundesministerium für Umwelt, Naturschutz, Bau und Reaktorsicherheit (2016): Leitfaden Nachhaltiges Bauen – Zukunftsfähiges Planen, Bauen und Betreiben von Gebäuden. Berlin.

BMVBS – Bundesministerium für Verkehr, Bau und Stadtentwicklung (2011): Bewertungssystem Nachhaltiges Bauen – Büro und Verwaltung. Berlin.

BMVBS – Bundesministerium für Verkehr, Bau und Stadtentwicklung (2011): Leitfaden Nachhaltiges Bauen. Berlin.

BMVBS – Bundesministerium für Verkehr, Bau und Stadtentwicklung (2012): Bewertungssystem Nachhaltiges Bauen (BNB) – Außenanlagen von Bundesliegenschaften.

BMVBS – Bundesministerium für Verkehr, Bau und Stadtentwicklung (2012): Nachhaltig geplante Außenanlagen auf Bundesliegenschaften – Empfehlungen zu Planung, Bau und Bewirtschaftung. Berlin.

BMVBW – Bundesministerium für Verkehr, Bau- und Wohnungswesen (2001): Leitfaden Nachhaltiges Bauen – Anlage 5: Planungsgrundsätze für Außenanlagen.

BONGARTZ, E. (2013): Soziale Bedeutung von Parks und Gärten. Schriftfassung eines Vortrags im Rahmen des Projekts Hybrid Parks – Workshop: „Social Aspects 1", June 2012. Lund/Sweden.

Brockhaus Enzyklopädie in 20 Bänden. F. A. Brockhaus, Wiesbaden, 1971.

Bundesinstitut für Sportwissenschaften (2009): Zehn Thesen zur Weiterentwicklung von Sportanlagen. Organisation: P. OTT, Bonn.

Deutsches Institut für Normung e. V. (DIN)/BAO Berlin-Marketing Service GmbH (Hrsg.), Berlin (1995/1996): Umweltmanagement-Leitfaden. EDV-gestützte Selbstanalyse für die Einführung eines Öko-Audit-Systems. Loseblattausgabe. Grundwerk. Modellunternehmen: Druckgewerbe/Farb- und Lackhersteller/ Kunststoffverpackungsbranche/Maschinenbau.

EMAS III – Verordnung (EG) Nr. 1221/2009 des Europäischen Parlaments und des Rates vom 25. November 2009 über die freiwillige Teilnahme von Organisationen an einem Gemeinschaftssystem für Umweltmanagement und Umweltbetriebsprüfung und zur Aufhebung der Verordnung (EG) Nr. 761/2001 sowie der Beschlüsse der Kommission 2001/681/EG und 2006/193/EG.

ERZ, W. (1986): Ökologie oder Naturschutz? Überlegungen zur terminologischen Trennung und Zusammenführung. Ber. Akad. Naturschutz Landschaftspflege 10, 11–17.

ESSIG, N. (2010): Nachhaltigkeit von Sportanlagen – Analyse der Umsetzbarkeit und Messbarkeit von Nachhaltigkeitsaspekten bei Wettkampfstätten von Olympischen Spielen. Dissertation an der TU Darmstadt. Fraunhofer Verlag, Stuttgart.

FLL – Forschungsgesellschaft Landschaftsentwicklung Landschaftsbau e. V. (Hrsg.) (2014): Richtlinie für die Pflege und Nutzung von Sportanlagen im Freien, Planungsgrundsätze. Bonn.

GALABAU-Service GmbH (GBS) (2006): GaLaBau-Organisationshandbuch Qualität, Umwelt, Wirtschaftlichkeit. Eigenverlag BGS, Bad Honnef.

Geschäftsstelle des Umweltgutachterausschusses, Berlin, Juni 2015 (Herausgeber): Systematisches Umweltmanagement – Mit EMAS Mehrwert schaffen.

GRAUBNER, C.-A./HÜSKE, K. (2003): Nachhaltigkeit im Bauwesen. Grundlagen – Instrumente – Beispiele. Ernst & Sohn, Berlin.

HADERSTORFER, R./NIESEL, A./THIEME-HACK, M. (2010): Der Baubetrieb. 7. Auflage. Verlag Eugen Ulmer, Stuttgart.

HARDTKE, A./PREHN, M. (2001): Perspektiven der Nachhaltigkeit. Betriebswirtschaftlicher Verlag Dr. Th. Gabler, Wiesbaden.

HAUFF, V. (1987): Unsere gemeinsame Zukunft – Der Brundtland-Bericht der Weltkommission für Umwelt und Entwicklung. Eggenkamp, Greven.

HAUSER, G. (2012): Kriterienkatalog zur Planung und Bewertung von nachhaltigen Sportstätten (Neubau Sporthallen). BMI/BISp (Hrsg.).

HESSE, F. (2010): Späte Folgekosten für Kunstrasen. WDR (Hrsg.), 10.03.2010, http://www.derwesten.de/wr/staedte/nachrichten-aus-luedenscheid-halver-und-schalksmuehle/spaete-folgekosten-fuer-kunstrasen-id2701838.html (abgerufen am 28.08.2013).

HOMÖLLE, A. (2005): Kosten von Sportplatzbelägen. Bau, Unterhaltung, Nutzung. In: Fachhochschule Osnabrück (Hrsg.): Osnabrücker Beiträge zum Landschaftsbau. Osnabrück.

http://project.eghn.org/downloads/Soziale_Bedeutung_von_Gaerten.pdf (abgerufen am 28.10.2015).

http://www.hybridparks.eu/calendar/workshops/ (abgerufen am 08.04.2016).

IEMB – Institut für Erhaltung und Modernisierung von Bauwerken e. V. an der TU Berlin (1998): Auswertung von Baunutzungskosen verschiedener Liegenschaften nach DIN 18960 ohne Kapitalkosten, Abschreibungen, Verwaltungskosten und Steuern (unveröffentlichtes Arbeitsmaterial).

Informationsdienst Holz (Hrsg., 2000): Einheimische Nutzhölzer und ihre Verwendung. (Broschüre)

Informationsdienst Holz (Hrsg., 2000): Heimisches Holz im Wasserbau. (Broschüre)

IP Bau – Impulsprogramm (1994): Alterungsverhalten von Bauteilen und Unterhaltskosten. Grundlagendaten für den Unterhalt und die Erneuerung von Wohnbauten. Bundesamt für Konjunkturfragen, 3003 Bern.

KÄHLER, R. S. (2015): Städtische Freiräume für Sport, Spiel und Bewegung. Schriften der Deutschen Vereinigung für Sportwissenschaften, Band 50. Deutsche Vereinigung für Sportwissenschaften (Hrsg.). Feldhaus, Hamburg.

KrWG – Gesetz zur Förderung der Kreislaufwirtschaft und Sicherung der umweltverträglichen Bewirtschaftung von Abfällen (Kreislaufwirtschaftsgesetz), herausgegeben vom Bundesumweltministerium (BMU) in der Fassung vom 24. Februar 2012. BGBl. I, S. 212.

Landessportbund Hessen e. V., Geschäftsbereich Sportinfrastruktur (2009): Kostenminderung und Ressourcenschutz im Sport – Aufbau eines Netzwerkes nachhaltiger Sportstättenbau durch Beratung sowie Aus- und Fortbildung. Programm Sport und Umwelt; DSB – DBU, AktZ. 20406.

LAY, B.-H./NIESEL, A./THIEME-HACK, M. (2010): Bauen mit Grün – Die Bau- und Vegetationstechnik des Garten- und Landschaftsbaus. 4., neu bearbeitete und erweiterte Auflage. Verlag Eugen Ulmer, Stuttgart.

LBB – Landesinstitut für Bauwesen und angewandte Bauschadensforschung des Landes Nordrhein-Westfalen (Hrsg.) (1995): Geplante Instandsetzung. Aachen.

LINSS, G. (2004): Qualitätsmanagement für Ingenieure. 2. Auflage. Fachbuchverlag Leipzig im Carl Hanser Verlag, München.

LOIDL-REISCH, C. (2012): Außenanlagen nachhaltig planen und bauen – Zertifizierung als Investition in die Zukunft. Neue Landschaft 1, 50–52.

MILLER, L. (2012): Sportplatzdschungel. Hrsg. Grüne Liga Berlin e. V. http://sportplatzdschungel.de/?page_id=84 (abgerufen am 28.10.2015).

NIESEL, A. (2011): Grünflächen-Pflegemanagement: Dynamische Pflege von Grün. 2. Auflage. Verlag Eugen Ulmer, Stuttgart.

NIESEL, A./THIEME-HACK, M./THOMAS, J./VON WIETERSHEIM, M. (2010): Organisationselemente im GaLaBau. Patzer Verlag, Berlin.

Offensive Gutes Bauen (ehemals INQA-Bauen). Herausgeber: INQA.de (abgerufen am 07.01.2016).

OTT, P. (2010): Neue Möglichkeiten zur baulichen Anpassung von Sportanlagen an eine veränderte Sportnachfrage. BISp-Report 2010/11 – Bilanz und Perspektiven.

PECO Institut e. V., Institut für nachhaltige Regionalentwicklung. http://www.peco-ev.de/index.php (abgerufen am 28.10.2015).

Rat für nachhaltige Entwicklung: Was ist Nachhaltigkeit? http://www.nachhaltigkeitsrat.de/nachhaltigkeit/ (abgerufen am 06.12.2015).

RICHTER, E./LOIDL-REISCH, C./BRIX, K./ZELT, J./ZIMMERMANN, A. (2011): Leitfaden Nachhaltiges Bauen – Außenlagen – Endbericht.

SCHULTZE, J. (2016): Bestandteile einer nachhaltigen Grünflächengestaltung. Stadt + Grün 1, 12.

SEMMLER, R./SCHULTZE, J. (2016): Der Lebenszyklus von Außenanlagen. Planen – Erstellen – Erhalten – Rückbauen. Datenbankgesellschaft mbH, Falkensee.

SIA (1995): Hochbaukonstruktionen nach ökologischen Gesichtspunkten. Dokumentation D 0123, Zürich.

Sportplatzdschungel: Netzwerk ökologischer Bewegung, gefördert durch das Bundesinstitut für Naturschutz mit Mitteln des Bundesministeriums für Umwelt, Naturschutz und Reaktorsicherheit. http://sportplatzdschungel.de/ (abgerufen am 06.12.2015).

THIEME-HACK, M. (2011): Grünpflegeplanung gewerbliches und privates Grün. In: NIESEL, A. (2011): Grünflächen-Pflegemanagement – Dynamische Pflege von Grün. 2. Auflage. Verlag Eugen Ulmer, Stuttgart.

VDI – Verein Deutscher Ingenieure (1983): Berechnung der Kosten von Wärmeversorgungsanlagen, VDI 2067, Blatt 1.

VOB Vergabe- und Vertragsordnung für Bauleistungen – Teil A: Allgemeine Bestimmungen für die Vergabe von Bauleistungen; Teil B: Allgemeine Vertragsbedingungen für die Ausführung von Bauleistungen; Teil C: Allgemeine Technische Vertragsbedingungen für Bauleistungen (ATV) – Allgemeine Regelungen für Bauarbeiten jeder Art. Beuth Verlag GmbH, Berlin, 2016-09.

WAGNER, K. W. (2005): PQM – Prozessorientiertes Qualitätsmanagement. 3. Auflage. Carl Hanser Verlag, München.

Wert R 91 – Richtlinie für die Ermittlung der Verkehrswerte von Grundstücken – Wertermittlungs-Richtlinien vom 11. Juni 1991 (BAnz. Nr. 182a vom 27. September 1991), geändert durch Bekanntmachung vom 01.08.1996 BMBau – RS I 3-630504 4 C, BAnz. Nr. 150 vom 13. August 1996.

WETTERICH, J./ECKEL, S./SCHABERT, W. (2009): Grundlagen zur Weiterentwicklung von Sportanlagen. Bundesinstitut für Sportwissenschaften (Hrsg.). Strauß Verlag, Bonn.

www.bund-bin.de (abgerufen am 21.01.2016).

www.gesetze-im-Internet.de/stgb (abgerufen am 10.11.2016).

www.umwelt.de (abgerufen am 14.02.2016).

ZEHRER, H./SASSE, E. (2005): Handbuch Facility Management. Verlag Ecomed Sicherheit, Landsberg am Lech, S. 243.

DIN-Normen

ATV DIN 18320, VOB Vergabe- und Vertragsordnung für Bauleistungen – Teil C: Allgemeine Technische Vertragsbedingungen für Bauleistungen (ATV) – Landschaftsbauarbeiten, 2016-09.

DIN 18035-1, Sportplätze – Teil 1: Freianlagen für Spiele und Leichtathletik, Planung und Maße, 2003-02.

DIN 18919 (Entwurf), Vegetationstechnik im Landschaftsbau – Instandhaltungsleistungen für die Entwicklung und Unterhaltung von Vegetation (Entwicklungs- und Unterhaltungspflege), 2016-04.

DIN 18920, Vegetationstechnik im Landschaftsbau – Schutz von Bäumen, Pflanzenbeständen und Vegetationsflächen bei Baumaßnahmen, 2014-07.

DIN 31051, Grundlagen der Instandhaltung, 2012-09.

DIN EN 350-2, Dauerhaftigkeit von Holz und Holzprodukten – Natürliche Dauerhaftigkeit von Vollholz – Teil 2: Leitfaden für die natürliche Dauerhaftigkeit und Tränkbarkeit von ausgewählten Holzarten von besonderer Bedeutung in Europa, 1994-10.

DIN EN 15643-1, Nachhaltigkeit von Bauwerken – Bewertung der Nachhaltigkeit von Gebäuden – Teil 1: Allgemeine Rahmenbedingungen, 2010-12.

DIN EN ISO 9000, Qualitätsmanagementsysteme – Grundlagen und Begriffe, 2015-11.

DIN EN ISO 9001, Qualitätsmanagementsysteme – Anforderungen (ISO 9001:2015), 2015-11.

DIN EN ISO 14001, Umweltmanagementsysteme – Anforderungen mit Anleitung zur Anwendung (ISO 14001:2015), 2015-11.

DIN EN ISO 14004, Umweltmanagementsysteme – Allgemeine Leitlinien zur Verwirklichung (ISO 14004:2016); Deutsche und Englische Fassung EN ISO 14004:2016, 2016-08.

ISO 9001, Qualitätsmanagementsysteme – Anforderungen, 2015-09.

ISO 9004, Leiten und Lenken für den nachhaltigen Erfolg einer Organisation – Ein Qualitätsmanagementansatz, 2009-11.

ISO 14001, Umweltmanagementsysteme – Anforderungen mit Anleitung zur Anwendung, 2015-09.

Alle DIN-Normen wurden vom Normenausschuss Bauwesen (NABau) im DIN Deutsches Institut für Normung e. V., Beuth Verlag GmbH, Berlin, herausgegeben. Die aus DIN-Normen übernommenen Zitate sind wiedergegeben mit Erlaubnis des DIN Deutsches Institut für Normung e. V.

Maßgebend für das Anwenden der DIN-Normen ist deren Fassung mit dem neuesten Ausgabedatum, die bei der Beuth Verlag GmbH, Burggrafenstraße 6, 10787 Berlin, erhältlich ist.

Bildquellen

DIN Deutsches Institut für Normung e. V., Berlin: Abb. 4.1 (wiedergegeben mit Erlaubnis des DIN Deutsches Institut für Normung e. V.)

Niesel, A., Osnabrück: Umschlagmotiv

Alle übrigen Zeichnungen fertigte Siegfried Lokau, Bochum-Wattenscheid, nach Angaben der Autoren bzw. der angegebenen Quellen.

Sachregister